数字摄像与编辑

宋正国 刁秀丽 刘连山 编著

清华大学出版社

北京

内 容 简 介

　　本书全面、系统地介绍数字摄像与后期编辑的相关内容,包括摄像基础、影视画面、摄像构图、影视画面拍摄、场面调度、摄像用光与色彩处理、影视声音处理、影视画面编辑原理以及非线性编辑技术及制作实例等内容。

　　本书可作为高等院校数字媒体、教育技术学、电视编导、影视制作以及相关专业的教材和教学参考书,也可以为影视制作公司摄录编人员提供参考,并可作为数字摄像与视频编辑爱好者的自学教程。

图书在版编目(CIP)数据

　数字摄像与编辑/宋正国,刁秀丽,刘连山编著. —北京:清华大学出版社,2014(2023.1 重印)
　ISBN 978-7-302-38422-9

　Ⅰ. ①数… Ⅱ. ①宋… ②刁… ③刘… Ⅲ. ①数字摄像机②视频编辑软件 Ⅳ. ①TN94

　中国版本图书馆 CIP 数据核字(2014)第 252861 号

责任编辑:邹开颜 赵从棉
封面设计:常雪影
责任校对:赵丽敏
责任印制:刘海龙

出版发行:清华大学出版社
　　　　网　　　址:http://www.tup.com.cn,http://www.wqbook.com
　　　　地　　　址:北京清华大学学研大厦 A 座　　　　　邮　　编:100084
　　　　社 总 机:010-83470000　　　　　　　　　　　　邮　　购:010-62786544
　　　　投稿与读者服务:010-62776969,c-service@tup.tsinghua.edu.cn
　　　　质量反馈:010-62772015,zhiliang@tup.tsinghua.edu.cn
印 装 者:三河市龙大印装有限公司
经　　销:全国新华书店
开　　本:185mm×260mm　　　印　张:14.5　　插　页:1　　字　数:352 千字
版　　次:2014 年 12 月第 1 版　　　　　　　　印　次:2023 年 1 月第 10 次印刷
定　　价:41.00 元

产品编号:061627-03

　　随着数字媒体技术的普及，以数字媒体、网络技术与文化产业相融合而产生的数字媒体产业正在世界各地高速成长。影视作品作为数字媒体技术的主要内容之一，也在随着科学技术的发展被大量创造出来并反过来影响着创造影像的人们。随着数字摄像机的普及，视频拍摄与编辑在专业和非专业领域的应用都发生了巨大变化。

　　本书系统地介绍数字摄像机的基本构造与工作原理、摄像机的使用、影视画面、摄像构图、固定镜头摄像与运动镜头摄像、场面调度、摄像用光与色彩、声音的处理、影视画面编辑原理以及非线性编辑技术等内容。

　　全书分为 3 篇，共 9 章，全面系统地介绍数字摄像技术与后期编辑技术。上篇为基础篇，中篇为摄像篇，下篇为编辑篇。

　　上篇重点介绍摄像机的组成与原理、摄像机的使用、影视画面以及摄像构图等内容。

　　中篇重点介绍摄像技巧、光线与色彩以及影视声音处理等内容。

　　下篇在介绍影视编辑理论的基础上，介绍 Premiere 影视非线性编辑技术和制作实例等内容。

　　本书是一本数字摄像技术与编辑技术的基础教科书，深入浅出、图文并茂地介绍制作影视前期与后期的基本技术与方法，方便教师进行理论与技术教学，也有利于学生和摄像爱好者自学。

　　本书在设计时充分考虑教学的需要，每章都提供了学习目标、教学重点以及小结，为适应课程发展和知识更新的需要，本书还建有相关的教学资源网站 http://shexiang.sdust.edu.cn。

　　由于编者水平有限，书中难免有不足之处，恳请广大读者批评指正！

编　者

2014 年 10 月

CONTENTS

上篇 基 础 篇

第1章 数字摄像基础 ··· 3

 1.1 数字摄像机认知 ·· 3

  1.1.1 数字摄像机的发展过程与类型 ··· 4

  1.1.2 工作原理与结构组成 ··· 7

  1.1.3 几种不同焦距镜头 ··· 10

  1.1.4 摄像机系统组成 ··· 13

 1.2 摄像机操作 ·· 17

  1.2.1 准备工作 ·· 17

  1.2.2 摄像机调整 ··· 17

  1.2.3 执机方式 ·· 20

  1.2.4 摄像机操作要领 ··· 24

 本章小结 ·· 25

第2章 影视画面 ··· 26

 2.1 影视画面概述 ·· 26

 2.2 画面景别 ·· 30

  2.2.1 景别的划分 ··· 30

  2.2.2 景别的作用与处理 ··· 39

 2.3 摄像角度 ·· 41

  2.3.1 摄像高度 ·· 41

  2.3.2 拍摄方向 ·· 44

  2.3.3 叙事角度 ·· 47

 本章小结 ·· 48

第3章 摄像构图 ··· 49

 3.1 影视构图概述 ·· 49

  3.1.1 影视构图的特点 ··· 50

  3.1.2 构图基本规律 ·· 51

3.2 画面结构成分 ·· 53

    3.2.1 主体 ·· 53

    3.2.2 陪体 ·· 55

    3.2.3 环境 ·· 55

3.3 构图的形式元素 ··· 58

3.4 构图形式 ··· 61

    3.4.1 内在性质构图形式 ··· 61

    3.4.2 外在线形构图形式 ··· 64

本章小结 ·· 68

中篇 摄 像 篇

第4章 影视画面拍摄 ·· 71

4.1 固定画面的拍摄 ··· 71

4.2 运动画面的拍摄 ··· 75

    4.2.1 推摄 ·· 76

    4.2.2 拉摄 ·· 80

    4.2.3 摇摄 ·· 82

    4.2.4 移摄 ·· 84

    4.2.5 跟摄 ·· 85

    4.2.6 升降拍摄 ·· 87

    4.2.7 综合运动摄像 ·· 88

    4.2.8 其他镜头 ·· 89

4.3 延时摄像 ··· 93

4.4 影视场面调度 ··· 94

    4.4.1 场面调度概述 ·· 95

    4.4.2 场面调度的内容 ··· 96

    4.4.3 场面调度中的轴线原理 ······································ 97

本章小结 ·· 99

第5章 摄像光线与色彩 ·· 100

5.1 光线 ·· 100

    5.1.1 光线要素 ·· 100

    5.1.2 光线的作用 ··· 104

5.2 光线的运用 ·· 105

    5.2.1 自然光运用 ··· 105

    5.2.2 人工光运用 ··· 107

    5.2.3 用光注意事项 ·· 111

5.3 色彩 ·· 111

5.4 色彩的运用 ·· 115
本章小结 ··· 116

第6章 影视声音处理 ··· 117

6.1 影视声音概述 ··· 117
6.1.1 声音基础 ·· 117
6.1.2 影视声音的功能 ·· 118
6.1.3 影视声音的类型 ·· 119
6.2 影视声音运用 ··· 120
6.3 影视同期声 ·· 124
6.3.1 同期声的作用 ··· 124
6.3.2 同期声的采集 ··· 124
6.3.3 同期声的运用 ··· 125
6.4 声音数字化 ·· 126
本章小结 ··· 129

下篇 编 辑 篇

第7章 影视编辑基础 ··· 133

7.1 视频及相关概念 ·· 133
7.2 视频编辑方式 ··· 137
7.2.1 线性编辑与非线性编辑 ·· 137
7.2.2 非线性编辑系统的构成 ·· 139
7.3 蒙太奇 ·· 140
7.3.1 蒙太奇的含义与功能 ··· 140
7.3.2 蒙太奇的类型 ··· 141
7.4 镜头组接理论 ··· 145
7.5 分镜头 ·· 149
本章小结 ··· 152

第8章 Premiere非线性编辑技术 ··· 153

8.1 非线性编辑的工作流程 ·· 154
8.2 项目创建 ··· 154
8.3 工作界面 ··· 156
8.4 视频过渡与效果 ·· 164
8.4.1 视频过渡 ·· 164
8.4.2 视频效果 ·· 169
8.5 音频编辑 ··· 177
8.6 制作字幕 ··· 180

8.7　影片输出 ……………………………………………………………… 183

本章小结 …………………………………………………………………… 185

第 9 章　Premiere 制作实例 ………………………………………………… 186

9.1　制作电子相册 ……………………………………………………… 186

9.2　快速打造个人 MV ………………………………………………… 200

9.3　节目片头制作 ……………………………………………………… 206

9.4　广告片制作 ………………………………………………………… 210

9.5　特殊素材创建 ……………………………………………………… 216

本章小结 …………………………………………………………………… 219

参考文献 ……………………………………………………………………… 220

后记 ………………………………………………………………………… 221

上篇

基　础　篇

第1章

数字摄像基础

本章将对数字摄像机的发展过程、类型、系统组成以及摄像机的基本操作等内容进行阐述。通过本章的学习,可以掌握摄像机的基本操作。

学习目标

- 掌握摄像机的工作原理;
- 掌握数字摄像机的系统组成;
- 能够熟练操作数字摄像机。

教学重点

- 数字摄像机的系统组成;
- 摄像机的操作与使用技巧。

 ## 1.1 数字摄像机认知

20 世纪 50 年代末美国安培公司推出了世界上第一台实用型摄像机;20 世纪 70 年代末 JVC 公司独立开发了真正的家用摄像机,它使用 VHS 格式(video home system),实用录像系统;1995 年开始,松下和索尼联合世界主要大公司组成"高清晰度数字录像机协会",联合开发家用数码摄像机。

2003 年 9 月,索尼、佳能、夏普、JVC 联合发布了 HDV 格式,即高清视频格式。2005 年 7 月,索尼公司发布了世界上第一台民用高清数码摄像机 HDR-HC1E。从模拟信号摄像机 (VHS、VHS-C、S-VH、V8、Hi8 等)到半数码摄像机(D8、Mini-DV),再到后来的 DVD 格式和存储卡全数字式摄像机,摄像机完成了从机械技术到数字化技术的转变。在不断地提升其科技含量的同时,它从少数专业人士专用产品变成了服务大众的家用产品。

1.1.1 数字摄像机的发展过程与类型

1. 数字摄像机的发展过程

从 20 世纪 30 年代第一支电子管摄像管问世以来,随着新摄像器件的不断开发,摄像机也得到不断的发展,由摄像管摄像机发展到了 CCD(电荷耦合摄像器件)摄像机,视频记录方式也由模拟信号发展到了数字信号。

图 1-1　DCR-VX1000 摄像机

1995 年 7 月,索尼发布了第一台 DV 摄像机 DCR-VX1000,如图 1-1 所示。DCR-VX1000 一经推出,即被世界各地广泛使用。DCR-VX1000 摄像机使用 Mini-DV 格式的磁带,采用 3CCD 传感器、10 倍光学变焦以及光学防抖系统。DCR-VX1000 是影像史上一次重大变革,从此,民用数码摄像机开始步入数字时代。

2000 年 8 月,日立公司推出第一台 DVD 摄像机 DZ-MV100,如图 1-2 所示,它第一次把 DVD 作为储存介质,使用 8cm 的 DVD-RAM 刻录盘作为存储介质,摆脱了 DV 磁带的种种不便,是继 DV 摄像机之后的一次重大革新。

2003 年 9 月,索尼、佳能、夏普和 JVC 四巨头联合制定高清摄像标准 HDV。2004 年 9 月,索尼发布了第一台 HDV 1080i 高清晰摄像机 HDR-FX1E,HDV 的记录分辨率达到了 1440×1080,清晰度得到革命性提升,HDR-FX1E 包括以后推出的 HDV 摄像机都沿用原来的 DV 磁带,而且仍然支持 DV 格式拍摄,向下兼容,在 HDV 摄像机推广初期起到了良好的过渡作用,如图 1-3 所示。

图 1-2　DZ-MV100 摄像机

图 1-3　HDR-FX1E 摄像机

2004 年 9 月,JVC 推出了 1 英寸微型硬盘摄像机 MC100 和 MC200,如图 1-4 所示,硬盘开始进入消费类数码摄像机领域。两款硬盘摄像的容量为 4GB,拍摄的视频影像采用 MPEG-2 压缩,摄像人员可以灵活更改压缩率来延长拍摄时间,硬盘介质的采用使数码摄像机和计算机交流信息变得异常方便,MC200 和 MC100 以及以后的几款 1 英寸微硬盘摄像机都可以灵活更换微硬盘。2005 年 6 月,JVC 发布了采用 1.8 英寸大容量硬盘摄像机 Everio G 系列,最大容量达到了 30GB。

目前,3D 摄像机的应用越来越广泛,松下公司在 2010 年 7 月 28 日发布 HDC-SDT750 3D 摄像机,如图 1-5 所示。此款摄像机是全球首款 3D 摄像机,采用双镜头设计,配备松下高端系列的 3MOS 图像传感器。

图 1-4　MC200 摄像机

图 1-5　HDC-SDT750 3D 摄像机

提示：3D 摄像机是利用 3D 镜头制造的摄像机，通常具有两个以上摄像镜头，间距与人眼间距相近，能够拍摄出类似人眼所见的针对同一场景的不同图像。全息 3D 具有圆盘 5 镜头以上，通过圆点光栅成像或菱形光栅全息成像，可全方位观看同一图像，犹如亲临其一般。

2. 摄像机种类

摄像机用途广泛、种类繁多，可以按其质量、存储介质和摄像器件等分类。

（1）按质量分类

按摄像机质量不同，可分为广播级、专业级和家用级摄像机。

① 广播级摄像机

广播级摄像机应用于广播电视领域，图像质量最好，性能全面稳定，自动化程度高，在允许的工作范围内图像质量变化很小，达到较低失真甚至无失真程度。但此类摄像机一般体积大、重量较大、价格昂贵，例如松下的 AJ-HPX3100MC 等摄像机，如图 1-6 所示。

② 专业级摄像机

专业级摄像机一般应用在广播电视以外的专业影视领域，图像质量低于广播用摄像机，不过一些高档专业摄像机在性能指标等很多方面已超过旧型号的广播级摄像机，价格一般在数万元至十几万元之间。

图 1-6　松下 AJ-HPX3100MC
摄像机

相对于消费级机型来说，专业 DV 不仅外形更酷、更惹眼，而且在配置上要高出不少，比如采用了有较好品质表现的镜头、CCD 的尺寸比较大等，在成像质量和适应环境上更为突出，如索尼的 HXR-NX5 摄像机，如图 1-7 所示。

③ 家用级摄像机

家用级摄像机即主要适合家庭使用的摄像机，应用在图像质量要求不高的非业务场合，比如家庭娱乐等。这类摄像机体积小、重量轻，便于携带，操作简单，价格便宜，利于推广普及。在要求不高的场合可以用它制作个人家庭的 VCD、DVD，价格一般在数千元至万元级，如索尼的 HDR-XR160E 摄像机，如图 1-8 所示。

图 1-7　索尼 HXR-NX5 摄像机

图 1-8　索尼的 HDR-XR160E 摄像机

（2）按照存储介质分类

按摄像机存储介质不同，可分为磁带式、光盘式及硬盘式或闪存式摄像机。

① 磁带式摄像机

磁带摄像机就是使用磁带作为存储介质的数码摄像设备，后来出现了可以替代磁带的光盘、硬盘和闪存卡。磁带虽然现在看是"过时"了，但它还是很可靠的记录载体，现在还有很多专业和家用摄像机在使用磁带，如图 1-9 所示。

磁带摄像机的最大优点和缺点都体现在磁带的线性记录和重放特性上。这种特性的优点是如果某段磁带出了问题，损坏的信号只位于出问题的那一段磁带，不会影响全部；缺点是重放时也只能是线性的，不像非线性记录设备光盘或是硬盘那样能迅速找到指定的播放点，而需要"快进"或"倒带"，所以不方便。

提示：随着数字化、网络化的迅猛发展，传统的磁带产品与生俱来的线性磁记录特性所造成的上载时间只能实时采集、不便于素材管理等问题越来越成为影视行业跨入更高效率工作流程的绊脚石。于是，又推出了新的存储媒体，主要有光盘、硬盘及半导体固体存储器三种。

② 光盘式摄像机

光盘摄像机（见图 1-10）的存储介质是采用 DVD-R、DVR＋R 或是 DVD-RW、DVD＋RW 来存储动态视频图像的。对于普通家庭用户来说，不仅需要操作简单、携带方便，而且期望拍摄中不用担心重叠拍摄，更不用浪费时间去倒带或回放。DVD 数码摄像机拍摄后可直接通过 DVD 播放器即刻播放，省去了后期编辑的麻烦。鉴于 DVD 格式是目前最普遍的兼容格式，因此 DVD 数码摄像机也被认为是未来家庭用户的首选。这正是因为其全面达到了普通家庭用户的几乎所有需求。

图 1-9　磁带摄像机

图 1-10　光盘式摄像机

③ 硬盘式或闪存式摄像机

硬盘式数字摄像机的存储介质采用的是微硬盘（microdrive），微硬盘可以重复使用。硬盘式 DV 是 2005 年由 JVC 率先推出的，用微硬盘作存储介质，可以说是集各种介质的优点于一身。微硬盘的体积和 CF 卡一样，卡槽可以和 CF 卡通用，与磁带和 DVD 光盘相比体积更小，使用时间也是众多存储介质中最可观的。微硬盘采用比硬盘更高的技术来制作，从而保证了它的使用寿命，可反复擦写 30 万次。

硬盘摄像机具备很多好处，大容量硬盘摄像机能够确保长时间拍摄，方便外出拍摄。拍摄完成后可通过计算机传输拍摄素材，不需要 Mini-DV 磁带摄像机烦琐、专业的视频采集设备，仅需应用 USB 连线与计算机连接，就可轻松完成素材导出，让普通用户可轻松体验拍摄、编辑视频影片的乐趣。

但是，由于硬盘式 DV 产生的时间并不长，还多多少少存在一些不足，如防震性能差等。

（3）按照传感器类型分类

按摄像机传感器类型不同，可分为 CCD 与 CMOS 两种摄像机。

CCD：电荷耦合器件图像传感器（charge coupled device），使用一种高感光度的半导体材料制成，能把光线转变成电荷，通过模数转换器芯片转换成数字信号。CCD 摄像机以CCD 作为摄像机传感器部件。

CMOS：互补性氧化金属半导体（complementary metal-oxide semiconductor），和 CCD一样同为在数码摄像机中可记录光线变化的半导体。CMOS 摄像机以 CMOS 作为摄像机传感器部件。

提示：在相同分辨率情况下，CMOS 的价格比 CCD 低，但是 CMOS 器件产生的图像质量相比 CCD 来说要低一些。到目前为止，市面上绝大多数的消费级别以及高端数码相机都使用 CCD 作为感应器；CMOS 感应器则作为低端产品应用于一些摄像头上，不过有些高端产品也采用了特制的 CMOS 作为传感器，例如索尼的数款高端 CMOS 机型。

1.1.2　工作原理与结构组成

数字摄像机的工作原理简单来说是光—电—数字信号的转变与传输，如图 1-11 所示。即通过感光元件将光信号转变成电流，再将模拟电信号转变成数字信号，摄像机的感光元件能把光线转变成电荷，通过模数转换器芯片转换成数字信号。其感光元件主要有两种：一种是广泛使用的 CCD 元件；另一种是 CMOS 器件。

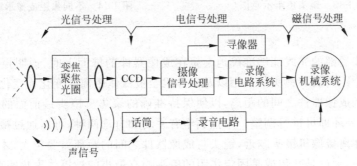

图 1-11　摄像机工作原理示意图

镜头是摄像机最主要的组成部分，并被喻为摄像机的眼睛，如图 1-12 所示。人眼之所以能看到宇宙万物，是由于凭眼球水晶体能在视网膜上结成影像的缘故；摄像机所以能摄影成像，也主要是靠镜头将被摄体结成影像投在固体摄像器件的成像面上。影视画面的清晰程度和影像层次是否丰富等表现能力，受光学镜头的内在质量所制约。

摄像机镜头由若干组透镜组成，被摄景物通过镜头成像在摄像器件上，镜头可分为固定镜头和变焦镜头。固定聚焦镜头又可分为标准镜头、长焦镜头和短焦镜头。而变焦镜头则是把这三类镜头组合在一起，并可以在相互之间连续变化。目前，广泛使用的是变焦镜头，变焦镜头的最长焦距与最短焦距之比为变焦倍数。

图 1-12　摄像机镜头

1. 镜头的焦距

焦距是焦点距离的简称,从透镜中心到纸片的距离就是透镜的焦点距离。对摄像机来说,焦距相当于从镜头"中心"到固体摄像器件成像面的距离。从技术上讲,焦距是指从镜头的光学中心到镜头中影像聚焦的那一点的距离,如图1-13所示。

从操作上讲焦距是镜头的一个基本特性,它可以决定影像的放大倍数和镜头所摄的水平视角的大小。焦距越短,水平视角就越开阔,影像也就越小。长焦距镜头(望远镜头)可以把远处的景物变近、放大,但视角小;标准镜头拍出景物的大小、比例、距离感与人眼直接看到的景物最接近;短焦距镜头(广角镜头)拍出的景物比标准镜头小而远,但可视范围广、视角大。如图1-14所示为不同焦距镜头的成像情况。

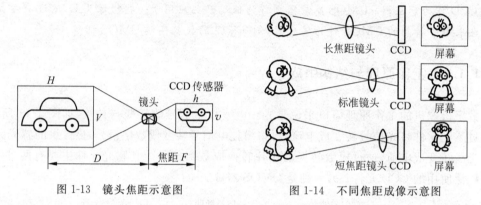

图1-13　镜头焦距示意图　　　　图1-14　不同焦距成像示意图

2. 聚焦

当穿过镜头后部的光线能够准确地会聚在成像器件的屏面上时,说明摄像机的聚焦已调好。由于这个距离随着镜头的焦距以及摄像机至被摄体距离的变化而变化,因此,必须不断地调节镜头和成像器件之间的距离,以便保持准确的聚焦。镜头最前面的一组镜片是聚焦用的,旋转其外环即可进行调整。聚焦调整有手动和自动两种,可以通过摄像机控制键进行选择。被摄体离摄像机镜头越近,镜头与成像器件之间的距离就要越大,才能获得清晰的图像。所有镜头,无论是变焦或是固定焦距的镜头均有最小的被摄体聚焦距离,亦即被摄体和镜头之间可以允许的最短距离,在此距离内仍能获得对焦清晰的图像。焦距较短的镜头比焦距较长的镜头可以拍摄距离镜头更近的被摄体,因为短焦距使得镜头与成像器件之间的距离无须很大也能进行清晰的对焦。

3. 光圈

光圈具有控制进入镜头光线强弱的作用。当外面光线强时,应缩小光圈,当光线弱时,应增大光圈,使得通过镜头的光线强度保持稳定,从而使得到的图像不致过亮或过暗。光圈的大小用光圈指数 F 表示,F 的标值通常为这样一组数字:22,16,11,8,5.6,4,2.8,2,1…数字越小,表示光圈越大,如图1-15所示。

4. 景深

当镜头聚集于被摄景物的某一点时,这一点上的物体就会在影视画面上清晰地成像,在

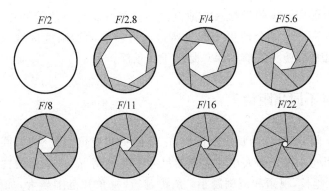

图 1-15 不同大小的光圈

这一点前后一定范围内的景物比较清晰。在成像器件聚焦成像面前后能记录得"较为清晰"的被摄景物纵深的范围便为景深。当镜头对准被摄景物时,被摄景物前面的清晰范围叫前景深,后面的清晰范围叫后景深。前景深和后景深加在一起,叫全景深,也就是整个影视画面从最近清晰点到最远清晰点的深度,如图 1-16 所示,一般所说的景深就是指全景深。有的画面被摄体前面清晰而后面模糊,有的画面被摄体后面清晰而前面模糊,还有的画面只有被摄体清晰而前后者模糊,这些现象都是由镜头的景深特性造成的,决定景深的主要因素有光圈、焦距和物距三个方面。

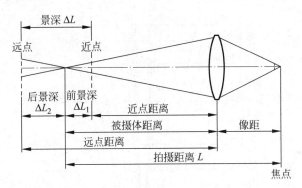

图 1-16 景深示意图

（1）光圈

在镜头焦距相同,拍摄距离相同时,光圈越小,景深的范围越大;光圈越大,景深的范围越小。这是因为光圈越小,进入镜头的光束越细,近轴效应越明显,光线会聚的角度就越小。这样在成像面前后会聚的光线将在成像面上留下更小的光斑,使得原来离镜头较近和较远的不清晰景物的清晰度可以接受。

（2）焦距

在光圈系数和拍摄距离都相同的情况下,镜头焦距越短,景深范围越大;镜头焦距越长,景深范围越小。这是因为焦距短的镜头与焦距长的镜头相比,对来自前后不同距离上景物的光线所形成的聚焦带(焦深)狭窄得多,因此,会有更多光斑进入可接受的清晰度区域。

（3）物距

在镜头焦距和光圈系数都相等的情况下,物距越远,景深范围越大;物距越近,景深范围越小。这是因为远离镜头的景物只需做很少的调节就能获得清晰调焦,而且前后景物结焦点被聚集得很紧密。这样会使更多的光斑进入可接受的清晰度区域,因此景深就增大;相反,景深变小。因此,镜头的前景深总是小于后景深。

1.1.3　几种不同焦距镜头

按照焦距的不同,可以分为长焦距镜头、广角镜头和变焦距镜头,不同焦距的镜头成像视角和范围也不相同。在光圈大小和成像器尺寸不变的情况下,成像的视角和范围取决于焦距的长短:焦距越长,视角和范围越小;焦距越短,视角和范围越大,如图 1-17 所示。焦距小于 30mm 的镜头称为广角镜头,焦距范围在 40～60mm 的镜头称为标准镜头,将焦距大于 70mm 的镜头称为长焦距镜头。此外,焦距更短、视角更大的超短焦距镜头也被称为鱼眼镜头。

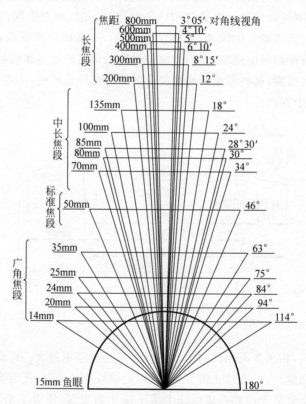

图 1-17　不同焦距的视场角示意图

不同焦距的镜头由于拥有不同的成像视角和范围,其拍摄的影像也有不同的视觉效果和表意功能。

1. 变焦距镜头

变焦距镜头是一种可连续变换焦距的镜头,是相对于定焦距而言的。它由多组正、负透镜组成,可划分为标准镜头、长焦距镜头和广角镜头。变焦距镜头的焦距一般在 28～200mm,依靠镜头里的一组或几组镜片在像平面面积不变的情况下,通过连续改变镜头焦距的长短,形成不同视场角的镜头。目前,我国的数字摄像机大多只采用一个变焦距镜头,即一个透镜系统能实现从"广角镜头"到"标准镜头"以至"长焦距镜头"的连续转换,从而给摄像操作带来了极大的方便,同时给编导者提供了更为充分地实现创作意图的技术保障,其画面造型的优势主要有以下几个方面:

(1)变焦距镜头可以替代一组不同焦距的定焦镜头。在实际拍摄过程中不必为变换焦距而更换镜头,加快了现场摄制速度,便于摄制人员对拍摄中的意外情况做出现场应变和快速反应。

(2)在摄像机机位不动的情况下,可完成变焦距推拉,实现画面景别的连续变化。

(3)可以跨越复杂空间,完成移动机位所不能完成或不易完成的推镜头和拉镜头。

(4)摄像机镜头电动变焦距装置可以使画面景别的变化平稳而均匀,如用手动变焦,可以完成急推和急拉,产生一种新的画面运动,形成新的画面节奏。

(5)在摄像机机位运动的过程中,变动镜头焦距可以构成一种更为复杂的综合运动镜头。它的主要特点是机位运动与镜头焦距变化的合一效果,产生一种人们生活中视觉经验以外的、更为流畅多变的画面运动样式,增强了画面造型表现的随意性和灵活性。

变焦距镜头在画面造型表现上的不足和局限主要表现在:

(1)运用变焦距镜头拍摄的推拉镜头,虽然画面景别连续地发生变化,有着一种接近或远离被摄主体的感觉,但实质上它是通过镜头焦距的变化形成的视角变化,这种画面效果不符合人眼观看物体的视觉习惯,人们在生活中没有这种对应的视觉感受。因此,从这方面讲它所表现出的画面运动形式是不真实的。

(2)变焦距推拉镜头的画面变化带有某种强制性,它是通过技术的手段,强行在影视屏幕上呈现出的一种人们在生活中不曾有过的视觉印象。

变焦距镜头的操作有一定的难度,初学者会更为明显地感到困难,这是因为影响聚焦清晰的因素如镜头焦距、光圈、景深以及主体离摄像机的距离等可能同时都在变化。

提示:在实际拍摄时,当把变焦距镜头从广角端渐渐地变为长焦端时,其画面的视觉效果好像是摄像机离这一景物越来越近,这种效果便是所谓的"推镜头"。相反的变化效果便是"拉镜头"。摄像机镜头进行变焦距的变化有两种控制方法,一是自动变焦,二是手动变焦。

2. 长焦距镜头

在实际拍摄中,可以直接使用专门的长焦距镜头,也可以运用摄像机变焦距镜头中的长焦距部分,所拍得的画面效果和造型表现是一致的。使用长焦距镜头拍摄的画面有以下特点。

(1)视角窄,景深小。

长焦距镜头视场角窄于40°,景深是指当镜头针对某一被摄主体调焦清晰之后,位于该主体前后方的景物也能形成清晰影像的纵深范围。景深受光圈(F值)、物距(拍摄距离)和镜头焦距三个因素影响,在F值、物距不变的情况下焦距越长景深越小。

(2)画面包括的景物范围小。

由于长焦距镜头视场角窄、景深小,画面中呈现的景物范围受到前后(景深范围)、左右(视场角)的"夹击",因而画面中只能表现出较小的空间范围。

（3）长焦距镜头压缩了现实的纵向空间。

长焦距镜头压缩了纵深方向的景物，画面的纵深感和空间感弱，使镜头前纵深方向上的景物与景物之间的距离减小，多层次景物有远近相聚、前后重叠在一起的感觉。

（4）长焦距镜头有"望远镜"效果。

长焦距镜头拍摄的画面有将远处物体拉近的视觉效果，如同人们生活中用望远镜观察远处的物体那样。由于长焦距镜头的造型特点，远在10m之外的细小物体如同就在眼前伸手即可触摸到似的。

（5）长焦距镜头在表现运动主体时，对横向运动表现动感强，对纵向运动表现动感弱。

长焦距镜头对横向于摄像机镜头轴线方向的运动物体表现动感强，主要原因是由于长焦距镜头视场角较窄，当运动物体作横向运动时，在较短的时间内就可通过镜头视角内的视域区。此时画框的两端实际上就是镜头视场角的两条边线，狭窄的视角使画面表现的空间也很狭窄，人物从中通过时在画面上产生了迅速的位移，使观众感觉人物的运动速度很快。

长焦距镜头对于迎着摄像机镜头方向而来，或背着摄像机镜头方向而去的运动物体表现出一种动感减速弱的效果。主要原因是长焦距镜头压缩了景物的纵向空间，一段"漫长"的道路被挤压在一起，减缓了物体由远而近或由近而远的运动所应引起的自身形象的急剧变大或变小的变化速度。

3. 广角镜头

用广角镜头或用变焦距镜头中的广角部分拍摄的影视画面具有以下一些特点。

（1）视角宽，景深大。

广角镜头的视角要比人的正常视角宽，一般来说广角镜头的视角宽于60°。广角镜头不仅能包容视域更宽的景物，而且能够展现纵深方向上更深远的景物。

（2）景物范围大。

广角镜头不仅视场角宽，而且景深范围大，因而能将镜头从纵横两个方向的大部分景物收进画面，呈现一个视野开阔、包容众多景物的画面。广角镜头与长焦距镜头相比，在表现空间方面具有更强的能力。

（3）曲像畸变现象。

焦距很短、视场角很大的广角镜头近距离拍摄某些物体时，由于镜头曲像畸变原因，线条透视效果强烈，线条倾斜、变形，具有某种夸张效果。摄像机位置离被摄体距离越近，这种变形与夸张的效果越明显。

（4）广角镜头在表现运动对象时有两个重要特征。

对横向运动的主体表现动感弱，并且物距越远越弱；对纵向运动的主体表现动感强，并且物距越远越强。广角镜头对横向于摄像机镜头轴线方向的运动物体表现动感弱的主要原因，是由于广角镜头视场角比较宽，画面表现的横向空间远比长焦距镜头要开阔得多，当运动物体在镜头前作横向运动时，在画面上位移缓慢因而显得动感较弱。

广角对于迎着摄像机镜头方向而来或背着摄像机镜头方向而去的运动物体表现出一种动感加强的效果，主要原因是广角镜头强烈的纵深线条变化使镜头前纵向运动物体由小到大急剧变大，背向而去的物体由大到小急剧变小。

(5) 广角镜头便于肩扛拍摄,画面易于平稳清晰。

广角镜头与长焦距镜头相比较,在相同情况下还具有画面清晰度高、色彩还原好、肩扛摄像机拍摄时画面容易稳定、拍摄成功率高等优点。广角镜头即便是发生了相同程度的轻微摇晃,从直观上看,用其拍摄的画面也要比用长焦距镜头拍摄的画面平稳得多。

1.1.4 摄像机系统组成

摄像机系统由取景系统、控制系统、成像系统、存储系统和电源系统等五个部分组成。

1. 取景系统

所谓取景系统,就是摄像机获得图像的相关部件。摄像机的取景系统包括镜头、目孔寻像器和LCD寻像器。

(1) 镜头

影像的记录准确地说是对光学信息的记录过程,用摄像机拍摄的美丽画面是记录不同的光线和颜色信息,对光线的记录都要通过光学镜头来完成,如图1-18所示。景物通过光线的反射在CCD上产生不同的电信号,然后再经过从模拟信号到数字信号的转换形成影像。

(2) 目孔寻像器

摄像机的目孔寻像器是放置在摄像机内部的显示器,如图1-19所示,人们通过一组目镜来监看画面效果,因为有眼罩的保护或遮挡,不会有其他光线干扰。目孔寻像器也有单反和电子之分,单反摄像机的取景器图像色彩和分辨率很高,画面细腻;而电子取景器的图像粗糙,有颗粒感,色彩和分辨率不像图像本身那样细腻,不能显示图像的最小细节。

图 1-18 摄像机镜头

图 1-19 摄像机寻像器

(3) LCD寻像器

LCD寻像器是摄像机的另一种取景方式,常被置于摄像机的一侧,如图1-19所示。虽然LCD显示屏可以用来取景,但它并不仅仅是取景的工具,从LCD显示屏还可以观察从CCD或CMOS上直接提取的影像信息。除此之外,摄像机的一些主要菜单的设置也显示在LCD显示屏上,所以在对摄像机的一些参数进行设置时,也会用到LCD显示器。

LCD显示屏有一个最大的缺点,就是LCD显示屏是个“电老虎”。因为其大小在2.5～3.5in之间,耗电量相当大,取景时会大大地缩短电池的使用时间。而且用LCD显示屏取景时会受到环境光线的影响,导致景物细节的损失,在电压充足时表现极为明显。

2. 控制系统

所谓控制系统是摄像机的可控制部件,主要功能是通过对一些部件的控制,使图像的聚焦清晰、曝光准确、色彩真实。简单地说,就是控制摄像机的一些设置使所拍摄的画面达到一定的标准。

(1) 聚焦

摄像机的聚焦控制多数情况下是自动的,有些时候自动聚焦不能达到拍摄者需要的效果,就需要手动对焦。专业的摄像机都有手动对焦系统,有些还设置了聚焦环和聚焦键,如图 1-20 所示。

(2) 变焦

摄像机的变焦是通过摄像机的电动变焦杆快速地调整焦距,而且多数摄像机的变焦系统都是无极变速,摄像者按动变焦键力度的大小所产生的变焦速度也是不同的。在摄像机上"T"按钮表示镜头的推近,而"W"按钮则表示拉开。如图 1-21 所示为摄像机电动变焦杆。

聚焦环　　变焦开关

图 1-20　摄像机聚焦环

图 1-21　摄像机电动变焦杆

(3) 电源开关

电源开关是摄像机中控制电源的设置,多数数码摄像机都包括总开关和一些切换的电源开关,比如录像监看状态(VCR)、拍摄状态、静态图像拍摄等。如图 1-22 所示为摄像机电源开关。

(4) 录制按钮

录制按钮是控制摄像机开始拍摄和结束的控制键。在其他设置完成之后按下 REC 键,开始录制,再按下按钮录像停止。一般摄像机的拍摄键都被设置成红色,按下后在 LCD 显示屏或者取景器上会出现 REC 指示。

(5) 菜单键

在所有的摄像机中,菜单键的标识都是 MENU,在按下 MENU 键后,可以通过显示屏上的按钮来设置数字摄像机的一些参数,包括白平衡、视频的宽高比和声音记录格式等。如图 1-23、图 1-24 所示为摄像机菜单键和菜单设置信息。

图 1-22　摄像机电源开关

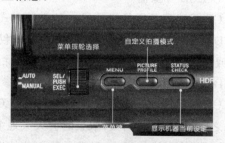

图 1-23　摄像机菜单键

（6）曝光控制

摄像机拍摄时多数使用自动曝光，一般会得到很好的效果，但有些时候如逆光或使用自动曝光而景物曝光不准确时，曝光控制键就极为重要，而各种摄像机的曝光控制设置也不相同，多数在菜单中或者在摄像机的外部设置光圈和快门按钮来控制曝光。如图1-25所示为摄像机曝光控制。

图1-24 摄像机菜单设置信息

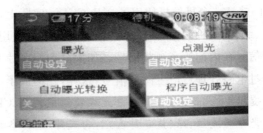

图1-25 摄像机曝光控制示意图

（7）播放控制

播放系统是控制摄像机播放录制完成影像的控制部分，可以利用这个系统控制重放、倒带、播放、快进和清除图像等，注意将菜单设置在VCR状态下进行。如图1-26所示为摄像机播放控制键盘。

3. 成像系统

成像系统由摄像机的接收、浏览和保存图像的部件组成，包括负责接收影像的CCD感光芯片，负责影像信号处理的模数（C/D）转换器，负责视频信号压缩的图像数据压缩器。

负责图像信号接收的图像传感器（CCD）是摄像机最重要的部件之一，如图1-27所示，它的成像原理和数码相机的成像原理完全相同。

图1-26 摄像机播放控制键盘示意图

图1-27 图像传感器（CCD）示意图

CCD在摄像机中是一个极其重要的部件，它起到将光线转换成电信号的作用，因此其性能好坏直接影响到摄像机性能。

衡量CCD好坏的指标很多，有像素数、CCD尺寸、灵敏度和信噪比等，其中像素数以及CCD尺寸是重要的指标。像素数是指CCD上感光元件的数量。摄像机拍摄的画面可以理解为由很多个小点组成，每个点就是一个像素。显然，像素数越多，画面就会越清晰，如果

CCD没有足够的像素,拍摄出来的画面清晰度就会大受影响。因此,摄像机的CCD像素数和CCD面积大小,决定了摄像机的成像品质。

单CCD摄像机是指摄像机里只有一片CCD,并用其进行亮度信号以及彩色信号的光电转换,由于一片CCD同时完成亮度信号和色度信号的转换,因此难免两全,使得拍摄出来的图像在彩色还原上达不到专业水平的要求。为了解决这个问题,便出现了3CCD摄像机,3CCD就是一台摄像机使用了3片CCD。实际上,光线如果通过一种特殊的棱镜后,会被分为红、绿、蓝三种颜色,而这三种颜色就是电视使用的三基色。通过三基色,就可以产生包括亮度信号在内的所有视频信号。如果分别用一片CCD接受每一种颜色并转换为电信号,然后经过电路处理后产生图像信号,这样,就构成了一个3CCD系统。

提示1:用三片CCD和分光棱镜组成的3CCD系统能将颜色分得更好,分光棱镜能把入射光分离成红、绿、蓝三种色光,由三片CCD各自负责其中一种色光的成像。

提示2:和单CCD相比,由于3CCD分别用3个CCD转换红、绿、蓝信号,拍摄出来的图像从彩色还原上要比单CCD来得自然,亮度以及清晰度也比单CCD好。但由于使用了三片CCD,3CCD摄像机的价格比单CCD摄像机贵很多。

4. 存储系统

摄像机的存储系统多数使用录像带,录像带即视频磁带,是高密度的信息储存与转换媒体。现阶段数码摄像机一般都使用长4.8cm×宽6.6cm×高1.22cm规格的视频磁带(见图1-28),录像时间为60分钟,录像带对磁性记录、重放过程中的记录与重放信号的优劣有直接的影响。在录像记录媒体中,除了录像采用的视频磁带外,也有摄像机采用的DVD-RAM和硬盘等新型记录媒体,硬盘式摄像机是未来摄像机发展的趋势。

5. 电源系统

摄像机所用电源均为封闭型蓄电池,如图1-29所示,这种完全封闭式的蓄电池使用起来十分安全,而且可以反复充电300次以上,所以使用寿命较长,非常灵活、方便,可免除使用交流电源时电源连接线的限制,特别在外出拍摄时,充电电池更是必备电源。

图1-28 摄像机磁带

图1-29 摄像机蓄电池

另外,一般摄像机还提供直接交流电源的插口,在室内使用摄像机时,可以用交流电源来供应电力。

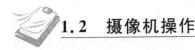

1.2　摄像机操作

为了更好地利用摄像机拍摄优质、精美的画面,摄像人员要有良好的摄像基本功,掌握摄像机的操作要领,规范地操作摄像机。

1.2.1　准备工作

虽然不同规格或型号的摄像机其准备工作一般有所不同,但大体都可以按照以下步骤来进行准备。

(1)检查磁头和镜头。每次使用前后都要习惯性地检查一下镜头。先用气囊把镜头上大颗粒的灰尘或异物吹掉,然后用干净的软布或镜头纸轻轻擦拭,也可以蘸上酒精或镜头清洁剂擦洗,但不要用水擦,更忌用粗硬的纸或布损伤镜头。最好是在镜头前加一个 UV 镜,既可以保护镜头,又方便清洗,每次只是清洗 UV 镜就简单很多。

(2)录像带的安装准备。摄像的内容虽然已储存记录下来,但如果片段太多,就很容易忘记它的位置,有时不小心还会把内容删除。为预防这样的情况发生,可以在拍摄后为录像带贴上标签,并在标签上写清楚主题内容及拍摄的顺序,并将标签贴在规定的位置。另外,在使用新磁带或长久没用过的磁带时,最好让新带在机内先快进数分钟然后再倒回使用,以防因潮湿黏滞而影响摄制画面的质量。

(3)调整取镜框。由于每个人的视力是不同的,所以应该根据拍摄者的视力调整设备取镜框。为了清楚地看见其中的文字或标记,可以通过镜框下部或旁边的把手或者旋钮进行调整。

(4)检查电池。电池是摄像机的动力源泉,这一步是必不可少的。如果在户外摄像,注意检查电池的充电情况,以确保电池组有充足电力供摄像机使用;如果是在户内摄像,可以用电源连接线和交流电源转变器连接交流电来使用。

(5)调整扣带。适当调整扣带,可以减轻拍摄时手部的疲劳。扣带调得太松,手持时摄像机会向其中一边下坠,手部会感到很累。调整扣带时,首先把手伸入扣带里,手指需接触到录像键和焦距按钮,然后抱在胸前,调整松紧度。

(6)检查其他附件。摄像所需其他设备有:话筒、三角架、照明设备、道具、各种连线以及调白纸等。

1.2.2　摄像机调整

摄像机的调整主要包括白平衡调整、聚焦调整、变焦操作、光圈调整和增益调整等几个方面。

1. 白平衡的调整

除了基本准备之外,还可以对摄像机的各种参数进行简单的调整,以获得更好的曝光、色彩还原,拍摄更好的影视画面,白平衡调整是其中的重要一项。

(1) 白平衡的含义

白平衡调整是摄像过程中最常用、最重要的步骤之一。使用摄像机开始正式摄像之前,首先要调整白平衡,同时要根据照明光的不同色温来选择使用摄像机上的不同滤光镜。照明的色温条件改变时,也需要重新调整白平衡。如果摄像机的白平衡状态不正确的话,就会发生彩色失真和彩色畸变。

不同的光源发出光的色调是不同的,不同光的色调是用色温来描述的,单位是开尔文(K)。万里无云的蓝天的色温约为 10000K,阴天为 7000~9000K,晴天日光直射下的色温约为 6000K,荧光灯的色温约为 4500K,钨丝灯的色温约为 2600K,日出或日落时的色温约为 2000K,烛光下的色温约为 1000K。

提示:所谓色温,简而言之,就是定量地以开尔文温度表示色彩。当物体被加热到一定的温度时,就会发出一定的光线,此光线不仅含有亮度的成分,更含有颜色的成分,而温度越高,蓝色的成分就越多,图像就会偏蓝;相反,温度越低,红色的成分就越多,图像就会偏红。

在各种不同的光线状况下,目标物的色彩会产生变化,白色物体变化得最为明显,在室内钨丝灯光下,白色物体看起来会带有橘黄色色调,在这样的光照条件下拍摄出来的景物就会偏黄;但如果是在蔚蓝天空下,则会带有蓝色色调,在这样的光照条件下拍摄出来的景物会偏蓝。为了尽可能减少外来光线对目标颜色造成的影响,在不同的色温条件下都能还原出被摄目标本来的色彩,这就需要摄像机进行色彩校正,以达成正确的色彩平衡,称为白平衡调整。

(2) 调整白平衡的目的

白平衡调整(White Balance)是摄像机工作中一个很重要的环节。当我们用肉眼观看这大千世界时,在不同的光线下,对相同的颜色的感觉基本是相同的。但是摄像机没有人眼的适应性,在不同的光线下,由于 CCD 输出的不平衡性,造成摄像机彩色还原失真:或者偏蓝,或者偏红,不再贴近自然。

摄像机只要在拍摄白色物体时正确还原物体的白色,就可以在同样的照明条件下正确还原物体的其他色彩。因此,使彩色摄像机正确还原白颜色的调整,就称为白平衡调整。

(3) 白平衡的调整方法

当外界条件超出白平衡自动调节(将白平衡开关拨到"自动"(AUTO))挡功能以外时,图像会略带红色或蓝色;即使在白平衡自动调节功能范围内,自动白平衡调整仍可能无法正常工作,在这种情况下,就需要手动调整白平衡。操作方法为:

① 寻找白色参照物。进行手动调整前需要找一个白色参照物,如白纸一类的东西,或者摄像机备用白色镜头盖。

② 将白平衡调到手动位置,把镜头对准白色物体,拉近镜头直到整个屏幕变成白色。

③ 按一下白平衡调整按钮直到寻像器中手动白平衡标志停止闪烁,这时白平衡手动调整完成。此时监视器屏幕应该显示"理想"的白色。

2. 聚焦调整

在实际摄像过程中,物距是经常变动的,常常会超出景深范围而导致图像模糊。为了使图像保持清晰,就必须不断改变镜头的焦点位置,使成像面始终落在焦深以内。这里就要不断地调节焦点,使影像更清晰。

摄像机聚焦调整有自动聚焦调整和手动聚焦调整。摄像机采用自动聚焦工作方式,在拍摄过程中,镜头的自动聚焦系统能对被拍摄目标自动对焦,无须人工调整,拍摄起来十分方便。

（1）自动聚焦

摄像机的自动聚焦原理是当镜头对准目标时,由装在摄像机镜头内下方的一组发射器发出红外线或超声波,经被摄物体反射回来后,再由摄像机的红外线传感器或超声波传感器接收下来,从而测定出距离,根据测定的距离驱动摄像机的聚焦装置聚实焦点。

当摄像机处于自动聚焦状态下,不需进行任何调整,摄像机的自动聚焦电路便可以把聚焦调整到最佳状态。运用自动聚焦时拍摄中尽量不变焦点。移动时注意保持与被摄主体的距离,不要与预先确定的距离相差太大,拍摄中千万不要尝试手动找焦点。

但在下列情况下,不宜使用自动聚焦,而应使用手动聚焦:在拍摄有前景的画面时,为了保证主体的清晰,应通过手动聚焦,把聚焦点确定在主体上;当照度不佳时;拍摄倾斜景物时;透过不干净的玻璃拍摄景物时;拍摄表面有光泽的景物时;拍摄诸如白墙之类的平坦景物时;拍摄快速移动的景物时,等等。

（2）手动聚焦

对焦点是保证画面清晰的关键技术操作。一般应根据镜头设计的具体要求,分别采用不同的聚集方法。

① 当拍摄无穷远的景物时,可将调焦杆推至"W"位置拍摄,如拍摄风景镜头。

② 当拍摄特写时,在选好机位后,镜头对准被拍摄主体,推成大特写,即焦距最长,按寻像器画面虚实对实焦点,然后将景别拉大到预定构图,即可拍摄。

③ 若要获得最大景深,可以用超焦距对焦,即对位于镜头超焦距位置的实物对焦点,这时可获得从无限远至1/2超焦距的最大景深范围,主体在这个范围内活动自然是清晰的。所谓超焦距是指镜头距焦在无限远时,景深的近界限至镜头的距离。

④ 若要拍摄运动物体,可以用跟焦点的方法聚焦:首先对准落幅画面聚实焦点,在聚集环上做一标记。然后对准起幅聚焦,记作第一焦点位置。拍摄时,由摄像助手根据摄像机运动的速度和主体移动的速度,均匀地将调焦环由第一焦点转到第二焦点处,保证镜头拍摄全过程画面清晰。

⑤ 操作步骤如下:

首先,按下"聚焦按钮"（FOCUS）,如图1-30所示,这时在寻像器上可以看到"手"的模样,表示可以进行手动聚焦。

然后,按动变焦开关,使得摄像机处于摄远的状态（W）,因为在摄远状态将图像调实后,在其他焦距状态下均可以保证图像清晰。

图1-30　MD-10000摄像机操作按钮

最后,再对准被拍摄物使其位于画面的中央,并调节清晰度到最佳,再利用锁定功能将焦距锁在固定位置,再重新构图,回到原始位置,调整聚焦环,使得被摄景物清晰即可。

3. 变焦操作

摄像机光学镜头焦距的变化改变镜头拍摄时的视角,也就带来了景别的改变。通常,镜头焦距越长画面景别越小,镜头焦距越短画面景别越大。

图1-31 变焦操作杆

数字摄像机的焦距可以通过焦距旋钮"T"及"W"来调节,将旋钮推至"T"方,则焦距会变短,可以拉近并放大远方的景物。如将旋钮推至"W"方,则焦距会变长,拍摄的范围亦会扩大,而且因为被拍摄物的深度变深,所以较容易对焦,此称为广角拍摄。在调整时只需用手旋转该旋钮即可,如图1-31所示,调整时镜头内的镜片组在光轴上移动而产生画面形象的变化,具有改变景物范围的推、拉效果。

4. 光圈调整

摄像机的光圈调整有"自动"和"手动"两种方式,目前所使用的摄像机基本上都采用带有自动光圈方式的变焦镜头。摄像机工作于不同照度情况时,自动光圈控制电路能根据进光量的多少来自动改变镜头上光圈的大小,以保证变焦镜头能始终向摄像器件靶面输入适宜强度的景物光。在自动光圈条件下,只要摄像机对准被摄物体,镜头的光圈就会自动调整到适当的位置,输出标准的视频信号。当光圈升到最大,入射光仍然不足时,就应当增加照明光源。一般在寻像器中都有低照度显示装置,可以使摄像人员及时掌握入射光的亮度。

除了自动光圈的工作方式之外,档次比较高的摄像机还设有手动光圈的工作方式。手动光圈的工作方式可以弥补自动光圈的缺陷。例如,在拍摄景物亮度不均匀、明暗反差过大的场景时,自动光圈是以场景的平均亮度决定光圈大小的,这就有可能造成主体物曝光的不足。这时,如采用手动光圈调控,就可以保证主体的亮度。另外,在进行推、拉、摇、移等运动拍摄过程中,都不可避免地会遇到场景各部分亮度不均匀的情况,由此而产生的光圈变化将会造成画面忽明忽暗的效果,这是极不可取的。因此,在质量要求较高的影视节目中,多数镜头都采用手动光圈或固定光圈拍摄,如图1-32所示。

变焦开关　光圈调整环　增益开关

图1-32 摄像机变焦、光圈、增益按钮

5. 增益调整

增益调整是指摄像机图像输出信号电平大小的调整,一般有0dB、+6dB、+12dB,每当增益提升6dB,摄像机图像灵敏度或输出信号电平提高一倍。正常情况下应放在0dB,此时图像信噪比高、清晰度好。在低照度环境下,应尽量开大光圈,如果开大光圈还不能拍摄清楚,可提高输出增益,但信噪比也将随之降低。

1.2.3 执机方式

掌握正确的摄像执机方式是每个摄像者必备的基本功,有了正确的执机基本功,才能得心应手地操作手中的摄像机,拍摄出令人满意的画面。

1. 摄像机支撑系统

（1）三角架

三角架是由轻金属或木头制成的三条腿的支架,如图 1-33 所示,其三条腿可各自伸缩和调整高度,以适于在高低不平的地面上架设。有的三角架有中心连杆,使三个脚分开的角度可以同时变化;有的三角架没有连杆,可以各自分开不同的角度,为防止三条腿过度分开,导致倾倒,可用环扣皮带或铁皮条、链条等把它们拴在一起。

（2）摇摄云台

为了确保摄像机既有稳固的支撑,又能向四面八方旋转自如,需要用摇摄云台作为连接机构把摄像机固定在支架或底座上,如图 1-34 所示。云台可使摄像机水平方向旋转、上下俯仰以及作左右与俯仰的复合移动。云台的一侧或两侧装有把手,便于摄像人员操纵和控制摄像机的移动,并可安装遥控镜头变焦聚焦的遥控附件。在云台上面有朝上的螺栓,可以拧到摄像机底部的螺孔中,用以连接摄像机。云台本身则安装在支架或底座的上方。

图 1-33　三角架

图 1-34　三角架云台

一般在摇摄云台的运动中特意引入经过精心拟定的摩擦量,这一摩擦作用使摄像机启停和运动过程更加平衡,减少抖动,缓冲或者消除了人操作时施力的不均匀性。

（3）摄像机托板

托板又称托架或三角架连接器,便携式摄像机安了肩托后,下面就没有螺孔的位置了,托板是这种摄像机与支台之间能适配的一块连接板。板上面有卡座可卡住摄像机,板下面有通用的螺孔,可与云台相连,如图 1-35 所示。各种摄像机所用托板的卡座方式均有差别,一般不能通用,所以托板通常作为摄像机附件供给。

（4）导轨

导轨是现代影视拍摄中的另一种重要设备,主要用于完整记录被摄对象的运动状态,同时确保影视画面的稳定性。比如在拍摄体育运动会中运动员奔跑、策马飞奔等画面时,往往是将摄像机放在导轨上进行拍摄完成的,如图 1-36 所示。

图 1-35　托板

图 1-36　导轨

（5）摇臂

摇臂是拍摄电视剧、电影、广告等大型影视作品中用到的一种大型器材，在拍摄的时候能够全方位拍摄场景，不错过任何一个角落。一般有 6m 摇臂、10m 摇臂以及最长的 15m 摇臂。

摇臂的结构组成包括摇臂臂体、电控云台、伺服系统、中控箱及液晶监视器等。摇臂臂体控制摄像机整体移动，电控云台控制摄像机水平旋转、垂直俯仰，伺服系统控制摄像机镜头变焦（推拉）、聚焦、光圈、摄像机摄录控制，中控箱控制所有控制信号、视频信号、电信号，并进行集中滤波、放大、处理后输入输出。如图 1-37 所示为摇臂示意图。

（6）斯坦尼康稳定器

斯坦尼康（steadicam），即摄影、摄像机稳定器。它是一种轻便的摄像机机座，可以手提，由美国人加利特·布朗（Garrett Brown）发明，自 20 世纪 70 年代开始逐渐为业内普遍使用。

当前，影视作品中开始越来越多地运用斯坦尼康来拍摄

图 1-37　摇臂

很多长镜头和运动镜头，以保证更好的视觉效果和叙事节奏。比如一些影片会用载人摇臂结合斯坦尼康共同完成一个长镜头的开篇，还有一些打斗、战争场面以及越来越多的普通场景也会用斯坦尼康来拍摄。

斯坦尼康并不是代替轨道和摇臂的新生产物，而是另一种视角和观点的实现方式，是营造一种空间感的工具。如果要用它实现轨道的画面效果，那是不实际的，不要试图用它代替轨道，而要好好地利用它来营造另一种感觉。斯坦尼康是高度人机结合的设备，使用时需要对走路姿势、腰肩的角度、手臂的随和程度、手指的分配、机器三轴向的配平等若干环节进行训练和调校。

斯坦尼康主要有三个部件使摄像机运动时保持稳定，一是带关节和弹簧减震臂，用于承托摄像机重量和缓冲运动时的震动；二是架设在万向节上的平衡组件，用于架设摄像机；三是工作负重背心，如图 1-38 所示。

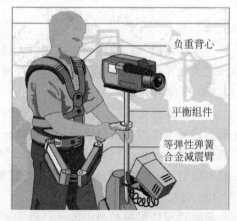

负重背心

平衡组件

等弹性弹簧
合金减震臂

图 1-38　斯坦尼康的元件与操作示意图

2. 常用执机方式

在拍摄时,执机方式通常有支架式拍摄和手执式拍摄两种。

（1）支架式拍摄

此种方式是将摄像机固定到三脚架云台上,摄像师握住摇把和调焦杆,用眼睛贴近寻像器取景构图,以此来进行拍摄,如图 1-39 所示。

摄像时根据拍摄的要求或摄像人员的高矮,调节三脚架的高低及水平。拍摄运动镜头时,应预先将云台的锁扣拧松,使摄像机能上下左右摇动。右手握住摇把,牵动摄像机运动进行摇摄。一般左手调节变焦扣和调焦杆,右手进行聚焦和变焦工作。用三脚架可以确保摄像机固定在一个位置,大大降低摄像机的抖动,使拍摄画面更稳定平滑。在延时拍摄、动画制作和微距拍摄时多用三脚架来支持。

图 1-39　三脚架拍摄

（2）手持式拍摄

三脚架支撑拍摄的优点是很明显的,但每换一个地点就重新上卸机,调整高度及水平非常麻烦,而且有时环境条件不允许使用三脚架,这就需要徒手持机进行拍摄。手持式拍摄分为肩扛式拍摄、怀抱式拍摄和手提式拍摄三种。

肩扛的姿势又可分为站姿和跪姿。站姿拍摄时肩扛摄像机正对被摄物,两脚自然分开,重心在两脚中间。右肩扛着摄像机,右手把在扶手上,并操作电动变焦以及摄像机的启停。

图 1-40　肩扛式拍摄

左手放在聚焦环上进行焦点调节,并作为支撑点;右眼贴近寻像器,观察图像构图,如图 1-40 所示。录制时,如果镜头不长,最好屏住气,直到录完一个镜头。尤其在长焦状态时,轻微的呼吸会使画面产生较大晃动。在摇摄时,要事先选好起幅、落幅,并调整好双脚的位置,避免最后失去平衡。在移动拍摄时,步幅要均匀,最好用广角镜头。跪姿拍摄时,单腿或双腿跪立拍摄。摄像机放在肩上,左、右手分工同站姿。通常用于低角度拍摄的场合,如武术表演、体操表演等。

怀抱式拍摄是将摄像机用右手抱在胸前,左手穿过镜头下方去握住调焦杆,进行拍摄。这种姿势能使机位更低,用于表现高大或深远的场合,如图 1-41 所示。

手提式拍摄是手提摄像机进行拍摄,这种拍摄方式可以捕捉正在运动的位置较低的物体的画面,如图 1-42 所示。

图 1-41　怀抱式拍摄

图 1-42　手提式拍摄

　　各种手持姿势的特点灵活机动,特别适合于拍摄一些新闻节目,或其他来不及摆布的专题节目;缺点是画面的稳定性差。为此,手持拍摄时可采取以下几种措施:可借助物体作支撑物,掌握好呼吸,多用广角镜头,少用长焦镜头等。

1.2.4　摄像机操作要领

　　在摄像过程中,为了保证获得良好的画面质量,摄像人员必须遵循一定的操作要领,概括为平、准、稳、匀、清。

1. 平

　　平,是指所拍摄的画面要保持水平。绝大部分摄像画面中不是有水平线就是有垂直线,如果画面中这些线条发生歪斜,就会严重地损坏画面的稳定性,看起来也很不舒服,这是摄像工作的一个大忌。要确保水平,可以地平线、家具的水平线为参照,使寻像器取景框的横线与它们平行;也可以地面上的电杆、建筑物的垂直线为参照,使取景框的竖线与它们平行。

2. 准

　　准,是要求所拍摄的形象准确无误。拍摄对象的取景范围、景深运用、画面聚焦要准确;运动镜头的起幅要准确;落幅镜头时机把握、构图把握要准确。任何运动拍摄结束,落幅之后的构图修正都会非常明显地被观众觉察出来,还会给观众造成一种含糊其辞、模棱两可的印象,因此落幅要干净利落。准还包括摄像机准确地重现被摄景物的真实色彩。

3. 稳

　　稳,是要求所拍摄的画面要稳定,要消除任何不必要的晃动。在拍摄静物画面或用长焦距镜头拍摄特写画面以及录制近景人物讲话时,最好把摄像机架在三脚架上,以增强所拍摄镜头的稳定性。如果需要徒手持机拍摄,则要尽量利用身旁的依靠物,如桌椅、门框、树木、建筑物等。具体操作时,以右手为主用力握住摄像机,左手扶住镜头,两脚叉开,降低重心,开始拍摄时尽量屏住呼吸。在移动跟摄时,最好利用广角镜头稳定性好的特点来摄取稳定的画面,移动时的速度和步伐要与被摄动体和谐一致。为了减少走动引起的垂直震动,双膝应略微弯曲,或尽可能以身体的转动代替脚步的移动。

4. 匀

　　匀,是指摄像机在运动拍摄时,速度和节奏要均匀。使用电动变焦,镜头的推拉速度容易均匀;使用手动变焦,则要反复练习。一般情况下,镜头在起幅和落幅时,速度应慢一些,中间的运动拍摄速度要均匀。

5. 清

　　清,是指摄像机镜头所摄取的画面要力求清晰。这就要求摄像师快速、准确地调整焦距。拍摄中,多用广角镜头过渡,然后再目测被摄对象的距离调整焦距。在运动拍摄时,还要注意摄像机镜头的移动速度不能太快,否则会使影视画面模糊。当然,摇摄速度太慢视觉感受也会不舒服。

总之,平、准、稳、匀、清是摄像操作技术的基本功,摄像者只有通过反复练习,才能逐渐提高拍摄水平。

 **本章小结**

随着摄像机硬件技术的发展,数字摄像机越来越普及。本章介绍了数字摄像机的发展过程,摄像机的类型、工作原理与结构组成,几种不同焦距镜头,摄像机系统组成等,在此基础上,阐述了摄像机的操作,以培养读者的摄像意识和人机感情,力求在摄像器材安全使用的基础上,做到熟练操作和使用自如。

影视画面

影视画面是影视叙事和造型的基本因素,是组成影视节目的基本单位。本章在介绍影视画面概念的基础上,重点阐述了影视画面的景别和摄像角度的相关内容。

学习目标

- 了解影视画面的特点;
- 掌握影视画面景别的类型与拍摄方法;
- 掌握摄像角度与拍摄方法。

教学重点

- 影视画面景别;
- 摄像角度及运用。

为了拍摄满意的影视画面,了解一些基本的影视画面造型知识是非常有必要的。本章将介绍影视画面特点、画面景别和拍摄角度等有关知识,这些将有助于摄像人员提高拍摄影视画面的质量和准确地运用摄像机镜头语言。

 ## 2.1 影视画面概述

人们利用电影手段进行活动图像表现的方法是利用了人眼的一个重要视觉特性——"视觉暂留"效应来完成的,当前后具有相关性和连续性的单幅固定画面在人眼前连续换幅时,由于人眼的视觉暂留现象,使得人们看到的不是分散的单幅画面而是连续的运动图案。人眼在观看物体时,成像于视网膜上,并由视神经输入人脑,感觉到物体的像;但当物体移去时,视神经对物体的印象不会立即消失,而要延续 $0.1\sim0.4s$ 的时间,人眼的这种性质称为"视觉暂留"。观看电影时,银幕上播放的是一张一张不连续的像,每秒钟要更换 24 张画面。但由于人眼的视觉暂留作用,一个画面的印象还没有消失,下一张稍微有一点差别的画面又出现了,所以看上去感觉动作是连续的,如图 2-1 所示。

图 2-1　多幅连续画面

1. 影视画面的概念

就摄像而言,画面是摄像机从开机到关机不间断地拍摄所记录下来的一个片段,也称做影视镜头。而观众所看到的影视节目是经过多重编辑、修改以后得到的,在影视屏幕上看到的活动图像称为影视画面。

影视画面是影视叙事和造型的基本因素,是组成影视节目的基本单位。在影视艺术的众多表现和造型元素中,影视画面是最基本的、必不可少的元素之一。作为一部能够以"影视"为名的视觉片,观众可以容忍它没有色彩,没有文字和解说,没有音乐,但是不能没有画面。影视节目是一个由多种元素所构成的有机整体,但是在这个整体中,唯独画面是不可或缺的。

每个影视画面都具有其自身的表现意义,构成特定的画面词汇,但是这些意义的表现不是孤立的、静止的,它必须体现在画面之间的运动联系和相互关系之中。在一部完整的影视片中,我们不可能通过一个孤立的画面来说明主题,而是需要通过多个画面之间关系的变化、组合和排序产生大于画面简单相加的整体意义。从这点来说,每个画面除了表现自己个体特定的意义以外,还需与前后画面甚至是影视节目的整体画面产生联系,才能够最好地诠释画面在影视节目中的作用。

2. 影视画面的特点

关于影视画面的特点,我们与导演、摄像师等认识的侧重点可能有所不同。与绘画和照相比较,影视画面具有如下几个特点。

(1) 画幅固定性

画家可以根据表现的内容、创作意图、风格等任意选择画幅形式和长宽比例等。一幅绘画的画幅比例与绘画表现的内容有着直接的联系。比如,山水、花鸟、人物等传统中国画的画幅取为长条或横幅,画面形式根据内容表达的需要变化。宋代画家张择端的《清明上河图》巧妙地把一座汴梁古城安排在一幅长一丈六尺五寸、宽七寸六分的横幅画面中;齐白石老人则选用 1∶5 的立轴画虾,以 1∶1.2 的画幅画蔬菜,使构图显得十分生动、得体。而影视则不同,电影的银幕只有普通银幕(1∶1.375)、遮幅(1∶1.66)和宽银幕(1∶2.35)三种,而电视屏幕目前也只有 16∶9 和 4∶3 两种,这就形成了影视画面的一个重要特点,也是影视画面构图的重要特征。摄像师无论是拍摄高楼大厦、江河湖海,或是表现一个人物的特写时,都要努力寻找适合于这一相对固定比例的画面构图。虽然影视画面的画面比例是相对固定的,但总还是有两个或三个(电影)选择的余地。

(2) 逼真性

尽管由于高科技的发展,现代影视画面有特技摄影、后期非线性编辑和调色系统等的使用,这证明影视画面所反映的事物并非都是绝对的客观视像,但我们仍然很难否定摄像机镜头所提供的一切对象具有真实性。如同人们很难否定照片具有见证人的作用一样,影视画面比戏剧、绘画等艺术更具有逼真性。摄像师无论在实景中拍摄还是在布景中拍摄,无论采用的是人工光照明还是自然光照明,无论运用的是普通摄像方式还是特技摄像方式,最后获得的影像都必须具有逼真感,使观众感觉到这一切都是实实在在存在的,其立体感、空间感和质感都是逼真的。这就是影视画面的逼真性,也是影视的魅力所在。人们通过画面不仅可以看到生活中熟悉的环境,如田间、街道、房屋,也可以看到不熟悉的、在日常生活中难以遇到的水下、空中、大火、战场等惊心动魄的场景,在这一极为逼真的艺术世界里得到一种身临其境的满足,如图 2-2 所示为影片《乱世佳人》中战争后的逼真场面。

图 2-2　影片《乱世佳人》战争后的逼真场面画面

（3）运动性

照相绘画是以抓取典型环境、典型动作的瞬间来表现主题思想,塑造人物,展示事件,使观众通过这一瞬间的可视形象去联想画面中没能表现出的过去与未来。影视画面可以直接表现出对象运动的全过程,也就是说影视画面可以把对象的动作过程不间断地、连续地记录下来。比如,人物由近走远,运动员跳水、赛跑,花开花落的过程等。影片《音乐之声》有一个全景画面的运动镜头,主人公边跳边唱,充分表现了被摄对象的运动特点,如图 2-3 所示。

图 2-3　影片《音乐之声》中主人公边跳边唱的运动画面

（4）时限性

人们在欣赏一幅图像和一幅绘画作品时，可以根据自己的喜好，不受时间限制地观赏，喜欢就可以多看一会儿，不喜欢就可以少看一会儿甚至于可以一扫而过，对内容丰富的作品可以仔细观赏。这就使得美术作品和照相作品为了更完整、更全面地表达主题思想、表现情节内容可以运用任何复杂的构图形式。而影视画面受放映时间和镜头长度的制约，观众喜不喜欢、能不能看懂都不可能在放映过程中停下来仔细观赏，或者跳过去不看。

（5）时空再造性

影视能够再现现实时间和空间，也可以再造时间和空间。一般来说，影视是在自己的时间和空间中进行，而不是在生活的真实时间和空间中进行，也不是客观现实的重演，影视创造的时间和空间又是通过影视画面去体现的。如美国影片《死神来了》中的一个段落，亚力与同学上飞机，坐下。两个女生过来要求同他换座位，亚力换了座位，与前排男生坐在一起，亚力发现座位前小桌板的扣子掉了下来，于是他感到不安。飞机起飞后有些颠簸，随后又平静下来，但紧接着是强烈的颠簸，有东西散落地上，行李架散开，呼吸器掉落下来，乘客惊惶失措，飞机断裂，乘客一个个被甩出飞机。

影视是在二维平面中表达三维空间，如果加上影视的时间性，可以说影视是四维的艺术。如果再加上观众的心理空间，影视应该叫做五维的艺术。第五维空间不是在屏幕上而是在观众的心理，观众的接受效果是画面的最终样式。导演和摄像师在进行影视空间的创造时，重视观众对影视的理解，一些交代空间的镜头能省就省。

（6）分切拍摄组接叙事

分切拍摄组接叙事是影视画面的最大特点之一。影视必须借助于画面才能把戏剧内容传达给观众，然而画面的边缘和其特定的长度使它在表现内容上受到一定局限。我们看到的生活情景被画面的边缘与画框以外的事物隔开了，被每个画面的特定长度分切了。一幅画面或一个镜头都不可能描绘出一个完整的影视形象，而必须把表现不同内容的影视画面相互组接起来，才能塑造出完整的艺术形象，叙述一个完整的故事情节、阐明主题，成为完整的艺术作品。如影片《紫色》一片段中，久遭丈夫虐待的喜丽在给丈夫刮胡子时，激愤之中动了杀机，早有预感的好友赶来阻止她。这个段落中喜丽刮胡子、好友赶来与喜丽脑海中妹妹的非洲生活三条线索平行剪辑在一起，最终以好友及时赶到阻止喜丽干蠢事结束，如图2-4所示。

图2-4　影片《紫色》组接画面

影视画面是再现现实的一种手段，是影视表现元素中的最基本要素，影视画面既具有剧作因素，又具有造型因素，是两者相结合的表现屏幕形象的具体视觉单位。影视画面是影视反映现实的手段，是摄像师用来反映生活、反映现实的基本表现形式，它也必然反映导演和摄像师的立场、观点、艺术水平和风格。

摄像机的记录性决定了影视画面反映的是客观现实。即凡是呈现在镜头视野范围以内的一切物体,都能被客观地、如实地记录在磁带或硬盘上,并通过画面在屏幕上呈现出直观形象。而不在镜头视野范围内的内容则不可能表现在影视屏幕上。拍摄新闻片、故事短片、科教片时,镜头前的一切又是经过导演和摄像师选择、组织或者加工后体现他们的创作意图的。因此,影视画面既是客观的、可视的,又具有一定内涵、富有一定感染力;既是物体外在形象的客观记录,又能表现导演和摄像师等在主观意念、愿望支配下塑造的艺术形象。

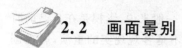

2.2 画面景别

在影视画面中,景别是画面中景物在画框中呈现的范围和主体所呈现的大小。关于景别的处理,是数字摄像中一项重要的造型手段之一。摄像师根据所要表现内容的不同,对拍摄对象在画面中出现的范围大小进行选择和取舍,从而实现造型意图。不同的景别,表现的是不同的空间范围、视野、视觉韵律和节奏。与我们平时在生活中所观察到的画面相比,景别的作用主要凸显在它能更直接地表达拍摄者的意图,从某种意义上讲,景别的选择就是摄像师画面叙述方式和故事结构方式的选择。

2.2.1 景别的划分

决定一个画面景别大小的因素有两个方面:一是摄像机和被摄体之间的实际距离,距离缩近则图像变大、景别变小,距离拉远则图像缩小、景别变大。二是摄像机所使用镜头的焦距长短,通常是镜头焦距越长,画面景别越小;镜头焦距越短,画面景别越大。这种由画面景物大小的变化所引起的不同取景范围即构成影视景别的变化。

通常情况下,摄像人员在拍摄中按照以被摄主体(人物)在画幅中被画框所截取部分的多少或被摄主体(景物)在画框中所占据的画幅面积比例大小作为景别划分的依据。景别大致可以划分为远景、全景、中景、近景和特写。而一般情况下,我们把靠近远景、全景这一端的景别称做"大景别",而把靠近近景、特写这一端的景别称做"小景别",如图 2-5 所示。以人物为例,不同景别划分之间的总体关系情况如图 2-6 所示。

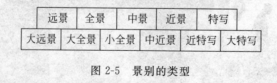

远景		全景		中景		近景		特写	
大远景	大全景		小全景		中近景		近特写		大特写

图 2-5 景别的类型

提示:我们对画面景别的划分只是对拍摄主体在画框中所呈现的范围的一种综合表述,在理论和实践上也只是相对划分而非绝对划分。

1. 远景

远景是视距最远的景别,它表现的空间范围最大,远景也是两极镜头之一。远景提供的视野宽广,景深悠远,包括广大的空间,远景画面中的内容中心不明显。在远景中,人物在画幅中的大小通常不超过画幅高度的一半,用来表现开阔的场面或广阔的空间,因此这样的画面在视觉感受上更加辽阔深远,节奏上也比较舒缓,一般用来表现开阔的场景或远处的人物,如图 2-7 所示。

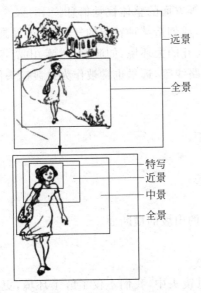

图 2-6　景别划分示意图　　　　　　　图 2-7　远景画面示意图

　　从表现功能上细分,远景还可以包含大远景和远景两个层次。大远景一般用来表达宏大的场面,像连绵的山峦、浩瀚的海洋、无垠的沙漠以及从高空俯瞰的城市等。它的画面有时幽远辽阔,有时气势磅礴,一般节奏舒缓,易于抒情。

　　(1)远景的特点

　　远景是表现广阔场面的影视画面。它包括的景物范围大,适宜表现辽阔深远的背景和广袤的自然景观,如浩瀚海洋、连绵群山、茫茫沙漠、无垠草原等。远景画面结构简单、清晰,常展现出宏大形体优美的外轮廓线条。在远景中,人物与环境形成点与面的关系、情景交融,人与环境常用色彩对比和动静对比的方法,以吸引观众注意。如图 2-8 所示,影片《音乐之声》的主人公出场时,有大远景逐渐推进到远景画面以至近景的画面。

图 2-8　影片《音乐之声》远景画面

（2）远景的作用

远景画面开阔、壮观，着重于整体气势和宏观表现，有较强的抒情性，提供广阔的视觉空间和表现景物的宏观形象是远景画面表现的最重要任务。远景力求在一个画面内尽可能多地提供景物和与时间相关的空间、规模、场面和气势等方面的整体视觉信息。

远景的作用在于介绍典型人物所处的典型环境，或创造某种特定的气氛等，远景画面常被安排在影片的开篇或结尾处，着重介绍剧情赖以展开的大环境，如渡口、村落、山峦等主要景点间的相互关系、地理位置，主要事件发生的交通路线等，远景也常被作为过渡镜头使用，如影片《黄土地》的开头部分景别的运用：

① 远景：落日时分的千沟万壑。

② 远景：画面从左向右摇，落日时分的千沟万壑。

③ 远景：空空的山梁，顾青渐渐走上来。

④ 远景：摇镜头，由陡然跌落的土崖上摇至月亮。

⑤ 远景—全景：山梁上顾青远远走来的身影。

⑥ 全景：横摇镜头，画面从左向右摇，深沟纵横的山坡的横断面。

⑦ 全景—中景：顾青渐渐走下山来的身影。

⑧ 远景：画面从左向右摇，落日时分的千沟万壑。

上面8个镜头有6个是远景镜头，从这6个远景镜头中，我们不仅了解了环境，更感到创作者深厚的情感和浓浓的情意。

（3）拍摄远景的注意事项

拍摄远景画面要尽量形成影调或色调的整体趋势，使画面简单。要注意选择、提炼、确定一个主要线索，利用大的线条结构画面，如河流、海岸线、街道或队列等，以起到穿针引线、组织观众视线的作用。注意表现空间深度，选择合适光线。

要选择和确定画面支点。由于影视屏幕较小，对远景的表现力有所限制，所以在处理远景画面时要力求简单，避免五彩缤纷、影调斑斑点点、线条庞杂重叠；目的性要强，画面长度要足够充分，镜头运动速度不宜过快，以便让观众看清画面内容。

远景画面一般采用静止画面形式，即使有运动摄像的情况存在，也是极其缓慢的运动。另外，在画面内部运动方面，远景画面中要严格限制人物主体的运动范围，不改变画面的构图形式，从而造成宁静、广袤、空旷、深远、令人回味的境界。

2. 全景

"全"是相对于被摄主体或某一具体场景而言。全景是表现人物全身形象或某一被摄对象全貌的画面，并包含一定的环境和活动空间，如图2-9所示。

（1）全景画面的特点

全景视野较为广阔，但又有一定的范围，能展示比较完整的场景，可以展示人物动作、人物与环境的关系。全景更贴近人物活动有关的空间，重视某一特定环境和特定事物外沿轮廓的流畅和清晰。如一个院落的全景、一个房间、一个篮球场、一个广场，都有特定的范围，这称为场面全景。有些事物占的空间不大，但整体性强，当强调其整体的轮廓形态及其活动空间时，也是全景。对于表现人物的全景，画面中会同时保留一定的环境内容，但是这时画面中的环境空间处于从属地位，完全成为一种造型的补充和背景衬托。如图2-10所示为天坛全景画面。

图 2-9　全景画面示意图

图 2-10　天坛全景画面

（2）全景画面的作用

全景特别好地发挥了主体与环境间的相互作用，运用全景强调的是主体和环境两者并重，可完整地再现被摄体和场景的全貌，使观众对画面中所表现的事物、场景有一个完整的视觉感知，所以全景画面在介绍、记录和表现上都充当了重要的角色。

利用全景可以完整地表现人物的形体动作，并通过对人物形体动作的反映来体现人物的内心情感和心理状态。通过典型环境和特定的场景表现特定的人物，也是全景画面的功用之一。同时，环境对人物具有说明、解释、烘托和陪衬的作用，如图 2-11 所示。

图 2-11　影片《音乐之声》中带有烘托和陪衬人物环境的画面

利用全景可确定人物或事物的空间关系，因此全景又称为"定位镜头"，即全景画面具有确定被摄人物或物体在实际空间方位的作用。全景往往是拍摄一场戏的总角度，制约着整场戏中分切镜头的光线、影调、色调、人物方向、位置及运动，并使之衔接。

（3）拍摄全景的注意事项

拍摄全景人物时一定要注意，尽管人物在画面里是以全身姿态出现的，但是在构图时绝对不能使人物在画框中给观众"顶天立地"的感觉，要留出一定的上下空间范围，保持画面构图的美观和完整性。

对于有人物参与的全景画面，最重要的是要能够表现出场景中人物的位置关系、人物和环境之间的关系,它既承接远景画面表现外围,又要下联中景画面进行叙事,所以这是一种承上启下地起到制约场景中其他画面构成元素的作用。因此,对于角度、运动、照明及场面调度等造型元素来说,在全景中最能够被集中表现。

由于人物处于环境中,在全景画面里他们之间的关系是最密切的,所以拍摄全景时要注意重视环境气氛和环境因素的表现。除了对于画面主体形象的渲染之外,还要能够交代清楚画面的空间感觉和空间内人物以及景物的内在联系。

在进行全景画面构图时,可以选择采用前景和背景来突出主体和体现空间感觉,也可以丰富画面内容。全景经常是一个场景中的第一个镜头,因而全景画面也为一个场景中的画面光线效果、色彩效果等定下了基调,在这个场景中的其他景别画面的光线色彩,都要以全景画面作为依据。

3. 中景

中景是主体大部分出现的画面,以主体富有表现力的部分为主。对人物来讲,中景是表现人的膝盖以上身体部分的影视画面,能使观众看清人物半身的形体动作和情绪交流,有利于交代人与人、人与物之间的关系,如图 2-12 所示。

（1）中景画面的特点

中景是一个恰到好处的景别,其画面看起来很舒服,因为它符合人们在正常情况下观看事物的习惯,节目中重要的主体关系和动作情节,在中景中都能得到完整清楚的交代。中景是叙事功能最强的一种景别,在包含对话、动作和情绪交流的场景中,利用中景景别可以最有利、最兼顾地表现主体之间、主体与周围环境之间的关系。中景的特点决定了它可以更好地表现主体(人物)的身份和动作,表现多人时,可以清晰地表现主体之间的相互关系。如图 2-13 所示为运用中景表现田鼠生气时的肢体状态。

图 2-12　中景画面示意图

图 2-13　表现田鼠生气的中景画面

（2）中景画面的作用

利用中景可恰当地展示人与人、人与物、人与环境之间的关系。利用中景可展示人物的动作和情绪,中景将空间和整体轮廓降到次要地位,重视情节和动作,因此,它特别强调画面中主体的形体语言,即神态。因此,拍摄中景画面时要重点表现人与人、人与视点的情节交流线,即人与人之间、人与物之间、视线、手的动作、相互的朝向。视线和行为的交流区域及线形结构,是中景画面的主要线形结构。中景能很好地表现人物间的感情交流,当中景表现人物间的交谈时,画面结构的中心不是人物间的空间位置,而是人物视线的相交点和情绪上的交流线;当表现人与物的关系时,画面以人与物的连接线为结构线,如

图 2-14 所示。

图 2-14　影片《音乐之声》中景画面

在有情节的场景中,中景常用做叙事性描写,它是一个叙事性很强的景别。因为中景既能展现人物形体动作和情绪交流活动的空间,又不与周围的环境和气氛脱节。在一部影片中,中景往往占较大分量,所以对中景处理的好坏,在一定程度上成为影视作品成败的影响因素之一。

(3) 拍摄中景注意事项

在拍摄中景画面时,要从光线、色彩、明暗、虚实关系上强调和突出人物。由于中景画面是一种典型的用以叙事的景别,因此要突出表现对象的表情动作和精神状态。为了表现人物之间产生语言情绪交流时,要注意画面结构的变化应该随着这种交流进行,并且应该尽量使镜头有所变化。

在画面构图上,一般要避免单人画面,尽量采用双人或多人构图,以使画面尽可能丰满。在这种双人或多人中景构图中,要防止产生视觉呆板,避免平面排列或者线性布局,更多地要强调前后景关系和角度变化,并适当地使用镜头焦距变化来改变画面背景的虚实变化。

当画面表现物体的中景时,由于被摄对象并没有完全以全貌出现在画面中,所以作为摄像师对画面一定要有所提炼和取舍,把景物最具有表现力的部分展示在观众面前。

4. 近景

近景是表现成年人胸部以上部分或物体局部的画面,它的内容更加集中到主体,画面包含的空间范围极其有限,主体所处的环境空间几乎被排除出画面以外。近景的屏幕形象是近距离观察人物的体现,所以近景能清楚地看到人物的细微动作,也是人物之间进行感情交流的景别。近景着重表现人物的面部表情,传达人物的内心世界,是刻画人物性格最有力的景别。影视节目中节目主持人与观众进行情绪交流也多用近景,近景产生的接近感,往往给观众较为深刻的印象。如图 2-15 所示为近景画面示意图。

(1) 近景画面的特点

近景是表现人物面部神态和情绪、刻画人物性格的主要景别。近景画面中被摄人物面部肌肉的颤动、目光的流转等都能给观众

图 2-15　近景画面示意图

留下深刻的印象,人物内心波动反映到脸上的微妙变化已无任何隐藏之处,人物的表情变化给观众的视觉刺激远大于大景别画面。如在影片《我的父亲母亲》中,招娣见到骆老师的情景便使用了近景。招娣追随着骆老师的一举一动,或欣喜、或羞涩、或紧张,情窦初开的少女情怀通过近景镜头跃然于银幕之上,让观众也身临其境,感同身受。

在影视创作中,又经常把介于中景和近景之间表现人物的画面称为"中近景"。其画面是为了表现人物大约腰部以上部分的镜头,所以有时又把它称为"半身镜头",这种景别不是常规意义上的中景和近景。一般情况下,处理这样的景别的时候,都是以中景作为依据,而且要充分考虑对人物神态的表现。正是由于它能够兼顾中景的叙事和近景的表现功能,所以在各类影视节目的制作中,越来越多地被采用。如图 2-16 所示为影片《音乐之声》的近景画面。

图 2-16　影片《音乐之声》近景画面

（2）近景画面的作用

用近景画面可以充分表现人物或物体富有意义的局部,在大景别画面中看不清楚的局部动作和细节,能够在近景画面中看清楚。比如,看一个人舞蹈时,人们的注意力自然会移到舞者柔软的手臂上,用全景显然难以将最富意义的手与臂的动作表现出来,而近景画面则将画框接近动作区域,非常突出地表现了手与臂的动作。如图 2-17 所示为纪录片《意志的胜利》中的近景画面。

图 2-17　纪录片《意志的胜利》近景画面

利用近景可拉近被摄人物与观众之间的距离,使观众仿佛置身于事件中,容易产生交流感。如新闻节目或纪录片主播或节目主持人员多以近景的景别样式出现在观众面前,这样既可展现个人魅力,又能赢得观众共鸣。

（3）拍摄近景的注意事项

拍摄近景画面时,由于景别较小、视角较近的关系,更应该通过近景表现出人物的表情、动作、神态和手势等。场面调度过程中人物动作幅度应该有所控制,无论人物的身体和手势如何动作,都不能破坏人物的面部表情,这一点应该在选择拍摄角度时确定。另外,由于近景画面具有传神达意的功能,人物在近景里面的表情、动作都是为了叙事,揭示人物内心活动。因此，重要的对话、表情、反应和动作细节等大都要用近景画面记录下来。

近景画面中的人物由于景别小、视角近，比较容易表现人物的表情和动作，对人物形象的塑造有较强的作用。而这时环境则处于从属地位，可将背景与主体在层次上分离，以产生一定的空间感。如在很多影视采访节目中，被采访对象是以近景景别出现在画面中的。拍摄者利用拍摄距离和镜头焦距的变化，减小画面景深，使背景模糊，主体突出。因此，拍摄近景时应尽量避免清晰明亮杂乱的背景，防止对观众视线产生干扰。

拍摄近景时，由于画面范围缩小，景深减小，这样画面焦点是否准确就是近景中一个很重要的问题。近景画面中，画面内容应尽可能突出被摄主体，排除或忽略那些有可能影响主体的内容，因此常用长焦镜头拍摄，利用景深小的特点虚化背景。人物近景画面用人物局部背影或道具做前景，可增加画面的深度、层次和线条结构。

由于近景人物面部表情十分清楚，在造型上要求细致，无论是服装、化装和道具都要十分逼真和生活化，不能看出问题和破绽。

5. 特写

特写是表现成年人肩部以上的头像或某些被摄对象细部的画面，常用来从细微之处揭示被摄对象的内部特征及本质内容，如图 2-18 所示。

对于人物来说，特写画面除了表现人物头像或面部表情这一最基本的形式以外，还可以表现诸如手部、脚部以及身体其他部位的形象和动作，如大笑、猜拳、点蜡烛等。而如果进一步再将这样的景别减小，在画面中表现如一只手、一只眼睛和一张嘴等更小的局部时，我们就可以把这种景别称做"大特写"，如图 2-19 所示。特写画面通过描绘事物最有价值的细部，排除一切多余形象，从而强化了观众对所表现形象的认识，并达到透视事物深层内涵、揭示事物本质的目的，如在影片中，经常使用一系列主观视点的特写镜头，逐步积聚并推进悬疑的心理效果。

图 2-18 特写画面示意图

图 2-19 大特写画面

（1）特写画面的特点

利用特写可将人物细致的表情和某一瞬间的心灵信息传达给观众。通过特写，可以细致描写主体的头部、眼睛、手部、身体上或服饰上的特殊标志、手持的特殊物件及细微的动作变化，以表现人物瞬间的表情和情绪，展现主体的生活背景和经历。比如说，眨一下眼睛——某个事件将要发生，皱了皱眉头——面对意外情况的出现等。如图 2-20 所示，影片《乱世佳人》中的女主人公主要依靠特写表达其内心世界，当她从塔尔顿孪生兄弟口中得知她心爱的人要结婚时，任性、轻浮、美丽动人的容貌则骤然变色，散射绿色光芒的大眼睛也停止了转动,这突如其来的消息令她目瞪口呆。在另一个镜头中,在备受男人宠爱的包围内,出于直觉的女主人公一眼望见心爱的人和一个女友正携手过来,丰富的表情刹那凝固,忧郁的含情脉脉的眼神里充满着失落的惆怅和对爱人深深的爱恋。

图 2-20　影片《乱世佳人》特写画面

(2) 特写画面的作用

① 特写能够有力地表现被摄主体细微的表情和动作变化,传达人物瞬间的心理活动以及微小的变化。如影片《林则徐》中,林则徐因禁烟被革职后的三个连续特写镜头——一只香炉、跌落在方砖上的《离骚》和一碗稀饭两碟小菜——淋漓尽致地表现了主人公沉重、悲凉的心情,如图 2-21 所示。

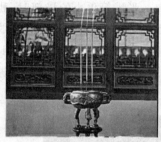

图 2-21　影片《林则徐》特写画面

② 表现主体的细节,这些细节往往可以设置悬念,启发观众的联想和思索。如影片《魂断蓝桥》中,多次出现吉祥物的特写镜头,始终是深深吸引观众的因素之一。

③ 特写还具有强调和转场功能。如在影片《公民凯恩》的开始部分,导演把报纸上刊登的凯恩遗言"玫瑰花蕾"拍成特写镜头。而这种特写镜头的意义显然是巨大的,在整个影片中贯穿始终起着线索的作用。

特写之所以具有转场作用,与它本身的特性有关。一般来讲,某一画面元素的特写往往意味着后面的镜头语言重心开始了转移,这在运动镜头里很常用,例如对往事的回忆,摄影师往往先把镜头推向人物的眼睛特写。

(3) 拍摄特写的注意事项

在拍摄人物特写时,画面主要表现的是人物头肩的关系和人物头部关系,应特别注意眼睛在构图中的位置,靠上不靠下,尽可能地体现出人眼和嘴所表达出来的人物性格及情感。人物的视线方向应该适当提高一些,避免平视、俯视给画面造成的死气沉沉的感觉。

所谓"特写",在拍摄中一定要表现到位,主体形象在画面中力求饱满充实,尽量减少画面内出现空旷的空间。因此,特写画面不需要前景和背景,只有一个突出细节的主体存在。

由于景深最小,所以在拍摄特写时要格外注意主体的焦点位置。有时在特写画面中只有局部焦点清晰,而其他部分则不清晰。比如,在拍摄人物面部特写时,鼻子和耳朵已经离开景深范围,处于不清晰的状态。因此,一定要注意画面表现意图,把焦点放在最能表现对象特质的地方。

2.2.2 景别的作用与处理

不同的景别会引起观众不同的心理反应,造成不同的节奏。全景出气氛,特写出情绪,中景是表现人物交流最好的景别,近景则是侧重于揭示人物内心世界的景别。由远到近的组合形式,与画面情节发展相辅相成,适用于表现愈益高涨的情绪;由近到远的组合形式,适于表现愈益宁静、深远或低沉的情绪,并可把观众的视线由细部引向整体。

1. 景别的作用

景别具有以下作用:

(1)实现视点多样性。

观众在看影片时与屏幕的距离相对稳定,画面景别的变化使画面形象有时呈现全貌,有时展示细部。因此,景别的变化带来视点的变化,能通过摄像造型达到满足观众从不同视距、不同视角全面观看被摄体的心理要求。

(2)实现造型意图、形成影片节奏。

在影视画面的造型表现和画面镜头中,不同景别体现出不同的造型意图,不同景别之间的组接则形成了视觉节奏的变化。观众不仅在画面时空和视距的变化中感受到了摄像者的画面思维,而且也从景别跳度、视点跳度的大小和缓急中具体地感受到整个影视节目的节奏变化。比如,远景画面接大全景画面,再接全景画面,节奏抒情、舒缓;两极景别的镜头组接如全景接特写,节奏跳跃、急切。

(3)使画面具有明确指向性。

不同景别的画面包括不同的表现时空和内容,实际上是摄像人员在不断地规范和限制着被摄主体的被认识范围,决定了观众视觉接受画面信息的取舍,由此引导观众去注意和观看被摄主体的不同方面,使画面对事物的表现和叙述有层次、重点和顺序。

(4)景别是视觉语言的一种基本表达形式。

根据对人的视觉心理的考察,观众在屏幕上看到任何一画面时,第一时间内视觉所发生的反应,即是认同和感受到画面的景别形式,先辨别出这幅画面是何种景别的画面,其次才从画面形式范围进入到画面内在的画面内容、构成结构、造型元素等的观察、接受、感知和理解分析。

2. 景别处理中的问题

影视作为一种视觉语言,它不是由一个个单独的镜头构成的,而是由不同的镜头通过一定的方式相互组合、相互关联、相互影响、连接而成的,所以在进行画面处理时,对于包括景别在内的各种视觉元素,不能单独在一个镜头内进行研究,还要把它们放在整体视觉语言环境中进行分析和讨论。

对于画面景别来讲,它不但关系到整体画面的构成,还会在艺术创作上影响影片的造型、构图、节奏、运动风格以及画面的视觉流畅性。作为摄像师,在拍摄活动中对于景别的处理必须考虑到以下问题。

(1)信息容量问题

通常情况下,被摄对象的体积、范围,就其画面景别表达而言,应成正比例关系。景物体积越大,表达上越全面,越应采用远景或者全景的方式;景物体积越小,表达上越具体,越应采用近景或者特写的方式。同样,由于景别关系也会造成人物在画幅中的比例和画面容量的不同变化。远景和全景中人物比例变小但画面容量增大,近景和特写中人物比例变大但画面容量减小。因此,摄像人员要考虑主体、范围、体积和容量这四组变量关系对画面构成的影响,通常是采用正向处理的方法,但也不排除影片整体风格、内容以及创作上的反向处理方法。

(2)叙事内容表现问题

景别对单个画面来讲,仅仅表达一种视觉形式,而它们一旦排列起来,又与内容结合在一起,必然会对主题内容和叙事重点的表现与表达起到至关重要的作用。

从视觉语言及镜头规律分析,叙事内容越重要,越应该在画面的景别上采用中景、近景等系列景别;反之,则采用远景、全景系列景别。这也是针对人物作为被摄主体采用的常规处理镜头的方法,其目的是为了突出人物动作。

当然,由于现代影视创作中的艺术倾向追求、导演风格的强烈体现,有的也会采用一种反向处理的方法。在叙事上,戏剧内容处理越重要、越应强调时,反而不用近景系列景别,而用全景系列来处理。这种风格化的处理在创作中是存在的,也是允许的,处理得好,会产生更好的艺术效果。

(3)组接变化问题

影视画面是通过分切镜头组接叙事的,在镜头组接时,不同景别镜头的组接方法对视觉形象的表现和叙事结果的表达都有重要的意义。如图 2-22 所示,图(a)和图(b)是远景镜头,主人公独自一人立在空荡荡的街道上,虽然看不清他的面部表情,但很容易理解他的处境——孤立无援、无助甚至于有某种恐惧感,图(c)人物的中景镜头向观众陈述了人物的环境和状态,图(d)中能够看到人物的脸部特写,以及忧郁的眼神,从中可以体会并想象主人公的境遇和心情。

(a)　　　　　　　(b)　　　　　　　(c)　　　　　　　(d)

图 2-22　不同景别组接画面

(4)时间长度控制

影视画面中某个景别的镜头在片中出现的时间,就单纯视觉和创作而言,其长度是任意的。镜头长度完全依赖于导演的叙事要求、语言要求、视觉排列和创作风格的要求。但是观众在观看画面时,对不同时间长度和不同画面容量的镜头所表现出的接受能力和视觉兴趣是不同的,因此,在进行镜头组接时,必须考虑何种景别的镜头在画面中出现多长的时间才是最合适的,才最能够抓住观众的视觉心理。

从景别的划分角度来看,对于远景和全景大景别画面来说,由于画面的广泛性、景物影调的丰富性、画面内容的包容性,使得人眼视觉看清物体需要的时间较长,因此,这类镜头的时间应该相应地长一些。而对于近景和特写小景别画面,由于画面的局限性,构图的明确性,景物影像、形象鲜明,使得人眼视觉看清物体的时间较短,因此这类镜头的时间应该相应地短一些。

从视觉效果上来看,大景别画面对视觉的吸引力不太大,但是镜头时间长度越长,这种吸引力越会被强调。而小景别画面对视觉的吸引力本身就较大,镜头时间长度越长,这种吸引力越会被加强。如果镜头时间长度相同,在被摄主体构图、角度、影调都正常的情况下,大景别画面较难看清而小景别画面则比较容易看清楚。

从影片内容表现上来看,主题内容越多,画面信息量越多,所需镜头时间长度也会越长。在思想、情绪、感情、视觉和意境的宣泄程度上,镜头时间越长,这种程度会越强。镜头长时间的表现,会产生一种强调或加重的效果。

从连接上看,大景别画面节奏慢,如镜头时间长度短,叙事节奏、视觉节奏也不会太快;如镜头时间长度长,叙事节奏、视觉节奏会更慢。而小景别画面节奏快,如镜头时间长度短,叙事节奏、视觉节奏会更快。

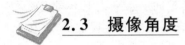

2.3 摄像角度

在影视画面造型元素中,角度是十分独特而又非常重要的内容,角度决定了画面的构成和画面的视觉形式,是摄像造型中的基本手段和导演风格的具体体现。摄像角度是摄像师对画面总体方向的确定,从某种意义上讲,它表达了导演和摄像师代替观众观察的视角。角度的选择利用,可以充分地体现导演和摄像师的主观意图和个人风格。

摄像角度代表观众的观察视角,是拍摄机位与被摄对象之间形成的客观位置和角度关系,摄像角度包括摄像高度和摄像方向两个方面。

2.3.1 摄像高度

按摄像机与被摄主体高度的不同可以将摄像角度分为平角度拍摄(平摄)、俯角度拍摄(俯摄)和仰角度拍摄(仰摄)。平摄时摄像机位置与被摄对象在同一水平面上,高度相当,是一种平视的角度;俯摄时摄像机位置高于被摄对象,是一种居高临下的画面角度;仰摄是摄像机位置低于被摄对象,是一种仰视的角度。不同的画面角度,将带来不同的视觉形象和不同的造型效果,进而产生不同的画面心理感受。

1. 平角度拍摄

平角度拍摄时摄像机镜头与被摄对象处于相同的高度位置,其代表的观察视角相当于正常人观看事物的角度。平摄形成的透视感相对正常,被摄主体基本上不产生变形,不会使被摄主体因透视变化而产生歪曲。因此,平角度拍摄可以给观众一种客观、平视、平等、和谐的视觉效果,如图 2-23 所示。

用平角度拍摄摇摄横向景物时,可以得到正常人摇头观察的视觉形象。模拟人的视角不但可以表现静止景物,也可以表现运动物体。当平角拍摄与横向移动摄像机相结合运用时,比如在一些影视剧中经常采用这样的画面来表现人物边运动边对话的场景,更会使观众产生身临其境之感。如图 2-24 所示为影片《乱世佳人》中的平摄画面。

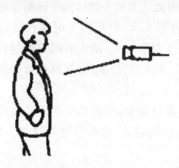

图 2-23　平角度的机位和被摄主体的位置关系　　　　图 2-24　影片《乱世佳人》平摄画面

处理平摄画面时,地平线位置处于画面中央,分割开画面,形成一种画面分离感,这时要注意尽量不要将这条地平线置于画面中央,否则它将压缩远近景物,显得呆板空洞。

由于镜头处于水平高度关系,平拍时在画面构成中往往会把同一水平线上不同距离的前后景物相对地重叠在一起,看不出景物的层次关系,因此缺乏画面空间透视效果,不利于层次感的表现。

平角拍摄的不偏不倚使得画面结构稳固、安定,形象主体平凡、和谐,是新闻摄像通常选用的拍摄高度。摄像者在新闻纪实性节目的拍摄过程中经常采用肩扛摄像机拍摄,这时画面的视点代表记者的视点,也是观众观看的客观视点,即为平角拍摄。

平角度画面对人物形象表现忠诚,不变形、不走样,但是画面视觉呆板,缺乏生动性;而由于其体现视角的客观性,所以不能产生强烈的戏剧效果和表达戏剧冲突。

2. 俯角拍摄

俯角拍摄时机位通常高于人眼正常的位置,画面效果是一种自上往下、由高向低的俯视效果。这时摄像机镜头高于被摄主体水平线,如图 2-25 所示。

从俯拍角度拍摄景物时,一般利用远景画面构图。这时处于平面上的景物平展,地平线处于画面上端。在有些大俯拍画面中,地平线甚至消失,这样景物的横向层次、位置关系清晰。比如,很多利用飞行器航拍的画面,就通过这种角度,以较大景别并结合运动拍摄的手段来得到广阔、深远的画面感觉,用以表现环境风貌、景物分布等状况。如影片《音乐之声》开场使用了大量俯拍画面,表现环境的广阔、深远与幽美,如图 2-26 所示。

图 2-25　俯角度的机位和被摄对象的位置关系

图 2-26 影片《音乐之声》俯角画面

　　俯角度拍摄时,地面上树立的高景物、站立的人物有一种斜向会聚的效果。同时由于画面背景不是天空而是景物或者地面,不存在景物完全重叠的问题,因此,景物层次分明,十分独立,背景净化。这时画面中具有竖线条的景物有一种被压缩感。大俯拍即垂直俯拍时,则看不出竖线条存在,与地面平面景物形成点面关系,不能体现景物的高大关系,而可以体现环境的宽广和规模。

　　俯角拍摄在表现人物活动时,强调的是活动所处的环境空间的概念,以及人物在环境中的位置关系,有一种宏观表述意义。俯拍可以比较清晰地展现人物所处的位置、与环境之间的关系以及人物之间的关系,从而显现一种整体气氛。因此,常用俯拍角度作为大场景调度手段的一种。另一方面,俯拍角度则不利于表现人物的细微动作和面部表情,不宜表现人物的心理活动。所以,在拍摄叙事和抒情场景时,要慎用俯拍镜头。

　　由于在俯拍画面中被摄对象被一定程度上压缩,所以从心理感觉上来讲,这样的画面对被摄对象有轻视贬低的意味,经常在拍摄一些如低级、猥亵、渺小的人物时,可以通过俯拍角度起到蔑视对方的效果,如影片《乱世佳人》中的俯拍画面,如图 2-27 所示。

图 2-27 影片《乱世佳人》俯摄画面

3. 仰角拍摄

　　仰角拍摄时摄像机通常低于人眼正常的位置,画面效果是一种自下往上、由低向高的仰视效果,这时摄像机镜头低于被摄主体水平线,如图 2-28 所示。

　　仰角拍摄时水平面上的景物不能很好地展现,只有具有纵向线条的景物可以比较清晰地表现。在外景中,画面总是带有更多范围的天空,地平线处于画面下部,或者没有地平线。在前景和背景位置上的被摄对象形象差距明显,前景突出而背景不显著或者失去背景,如影

图 2-28　仰角度的机位和被摄
对象的位置关系

片《林则徐》仰摄画面表现了主人公的高大形象,如图 2-29 所示。

　　垂直的景物被伸展拉长,可以表现其高度和气势。如果用仰角拍摄人物,尤其是将人物置于前景位置时,形象显著变得高大,可以突出表现人物气质。这时与背景中的景物距离感增大,画面透视效果比较强烈。

　　由于在仰拍画面中被摄主体相对显得更加高大,所以从心理感觉上来讲,这样的画面对被摄对象有赞美、欣赏、歌颂的含义,经常在拍摄一些如英雄、崇高、庄严的人物或景物时,可以通过仰角度拍摄,能够起到敬视对方的效果,如图 2-30 所示。

图 2-29　影片《林则徐》仰摄画面

图 2-30　纪念碑仰角画面

2.3.2　拍摄方向

　　拍摄方向指在同一水平面内,摄像机位围绕被摄主体在一周 360°范围内变化时,相对被摄对象所形成的正面、侧面以及背面等位置关系。不同的拍摄方向,也将带来不同的视觉形象和不同的造型效果,以及视觉心理效果,如图 2-31 所示。

1. 正面方向拍摄

　　正面方向拍摄时,摄像机镜头在被摄主体的正前方,与被摄对象形成 0°角。正面方向拍摄的画面可以明显表现被摄对象的正面特征和横向线条。这时人物正面形象完整、明显,动作、表情清楚。正面方向拍摄使画面中的人物与观众之间产生亲近感、交流感。同时,正面角度气氛稳重、严肃,在各种相对比较严肃、庄重的影视节目类型中,如《新闻联播》、《焦点访谈》等,播音员和主持人在屏幕上出现

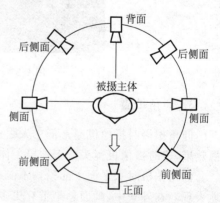

图 2-31　不同拍摄方向

基本都使用正面方向拍摄。

正面方向拍摄时画面纵深方向透视效果不显著,画面立体感和空间感较弱,所以适合比较小的画面景别,用来重点表现画面主体形象,如图 2-32 所示。因此,在构图时应注意,要避免画面布局不合理,而产生呆滞、呆板的视觉形象。

2. 侧面方向拍摄

当摄像机位置处于被摄对象的正左方或右方,与被摄对象成 90°角时,形成正侧方向拍摄角度;当摄像机位置处于被摄对象的前后非正面、背面和正侧面的位置时,则形成了斜侧方向拍摄角度。其中又包括前侧方向和后侧方向两种。

(1)正侧面方向

正侧方向拍摄的画面中,被摄对象以侧面形态出现。面貌表现作用并不重要,而其运动姿态和侧面轮廓则是这种角度能够展示的重点内容。尤其是在表现人物横向运动的画面中,侧面角度线条变化丰富,运动感觉明显,如图 2-33 所示。

图 2-32 影片《乱世佳人》正面拍摄画面　　图 2-33 影片《乱世佳人》人物正侧面画面

用正侧面画面可以表现对话、交流等场合。在拍摄双人正侧面的镜头中,比如会谈、握手等镜头,双方以基本平等的势态出现在屏幕中,画面均衡、平势,能够体现出一种平等气氛。正侧面也可以用在景物的拍摄中,用以表现景物和物体平等的对比关系。

(2)斜侧面方向

当摄像机位置处于被摄对象的前后非正面、背面和正侧面的位置时,形成了斜侧方向拍摄角度,这种情况称为斜侧方面拍摄。其中又包括前侧方向和后侧方向两种,斜侧方向拍摄角度在实际操作中经常会用到。如图 2-34 所示为纪录片《意志的胜利》中的斜侧面画面。

斜侧面方向拍摄时主体处于一种不对称结构关系,形成透视产生变化,能较好地展现人物及物体的立体形象,画面纵深感强。

拍摄二人画面时,斜侧方向拍摄画面也是重要手段之一。与正侧面二者平等、均衡的情况不同,斜侧拍摄画面可以突出面向镜头一方。如拍摄两个对话中的人物时,一方处于斜侧方面向镜头,而另一方则处于后侧方背向镜头,主次关系顿显,如图 2-35 所示。斜侧角度尤其是前侧角度是在进行画面构图和场面调度时常用的一种拍摄角度,通常在进行场面调度镜头时,说话的一方处于前侧,以吸引观众的注意力。

图 2-34　纪录片《意志的胜利》中被摄对象的
　　　　　斜侧面画面

图 2-35　体现斜侧拍摄角度且凸显主次的电影
　　　　　《乱世佳人》剧照

3. 背面方向拍摄

背面方向拍摄是摄像机镜头在被摄主体的正后方，与被摄主体形成 180°角。背面方向拍摄时镜头方向与画面主体方向一致，有很强的参与性，在表现被摄对象主观感觉的镜头中经常采用。如在一些纪实风格的侦破、警示题材的纪录片和公安、侦探题材的影视剧中，经常出现摄像机跟在主角身后参与案件现场侦探等工作的镜头，这些镜头给人以身临其境之感，突出了这些影片跟踪纪实的风格，增强了作品表现力，如图 2-36 所示。

图 2-36　背面拍摄画面

背面方向拍摄时被摄对象的形貌已经不是画面要表现的重点，这时画面主要表现的，除了对象自身的视点以外，还有对象和环境之间的关系，如图 2-37 所示。

背面方向拍摄人物，人物的肢体语言成为塑造人物的主要方面，观众由于无法直接观察人物的面部表情，只能通过自己的想象和猜测来判断人物的心理活动，所以大大增强了观众的好奇心和参与感。背面方面拍摄人物，凭借它特有的方式，在塑造人物形象方面有着不可替代的作用。比如，背跟拍摄记者的镜头就有这种效果。这种角度还能够做到隐藏被摄主体形象的作用，时常在不方便公开被摄对象身份的镜头中采用。如采访犯罪嫌疑人的节目当中，由于法律的约束，被摄对象不能以正面形象出现在镜头前，摄像师就可以采用背面的

图 2-37 反映被摄对象与环境关系的背面拍摄画面

角度进行拍摄。

2.3.3 叙事角度

用拍摄角度为叙事服务时,可以将角度分为客观角度、主观角度和主客观角度三类,这三种角度对于影视画面分别具有独特的表现手段。摄像人员只有了解其特点和手法,才能在创作中灵活运用,并在实际拍摄过程中准确把握主题内容的要求。

1. 客观角度

客观角度是一种客观纪实的角度,它从观众了解事件本身这一最朴素要求出发,不代表任何人的主观视线,纯粹客观地、公正地对被摄对象进行表达。客观角度拍摄位置取决于普通人正常的观察习惯,是一种最可以便捷地、明确地反映被摄对象状态的角度。在大量影视节目中,我们都可以看到客观角度的出现。比如新闻节目、体育比赛的现场制作节目,以及电视、电影类节目中的很多镜头。客观角度可以真实记录人物之间、人物与环境之间的关系以及进行戏剧表现,真实客观地还原事物本身以及人物的真实活动与情感。它将事物尽量客观地展现给观众,更类似于一种平行角度,其语言功能在于交代、陈述和客观记叙。如图 2-38 所示,影片《青春之歌》中教师给学生上课的镜头就是客观镜头。

2. 主观角度

主观角度是代表画面中主体视线的角度,也就是模拟被摄对象看到的画面。这样就可以带给观众剧中人物的视觉感受,产生身临其境的现场感,进而影响观众的视觉心理,使之随着剧中人物的情绪而变化。这种画面又叫做主观镜头。影视作品有许多主观镜头,如电影《青春之歌》中,学生聚精会神听课的画面采用主观视线拍摄,角度独特,充分表现了宁静、严肃、深沉的情景,如图 2-39 所示。

拍摄主观镜头时应当注意,这样的镜头不宜长时间或者频繁使用,否则过强的现场感觉和心理作用容易给观众带来紧张、压抑的感觉,并且可能产生对主观镜头中过多的运动镜头感觉上的不适应。

图 2-38　影片《青春之歌》中的客观镜头　　　　图 2-39　影片《青春之歌》中的主观镜头

3. 主客观角度

作为一种对视觉心理的界定,心理角度的性质即使在同一个镜头里也是可能发生变化的。这是随着机位、镜头的运动或者被摄对象的运动、调度而产生的。例如,从一个人背后拍摄他观看运动会比赛,人物在画面内,这时是客观角度;接着使摄像机运动或者镜头焦距变化,使人物出画并随着他的视线落到运动员身上,这时角度性质即发生了改变,由客观角度转变为主观角度了;反之亦然。影片《青春之歌》中,教师给学生上课的镜头是客观镜头,学生聚精会神听课的画面采用主观镜头,然后又转到教师给学生上课的镜头是客观镜头,这是主客观镜头之间的相互转换,如图 2-40 所示。

图 2-40　影片《青春之歌》中的主客观转换镜头

 ## 本章小结

影视画面是影视作品必不可少的要素,本章主要介绍了影视画面的特点与功能、画面景别和拍摄角度等相关知识,有利于摄像人员准确地运用摄像机镜头语言,并通过摄像机镜头用不同的景别、不同高度及不同方向去更好地表现、记录生活。

第3章

摄 像 构 图

构图是影视画面拍摄的重要环节,本章在介绍影视构图的特点与要求的基础上,介绍了影视画面结构成分和构图元素,并重点阐述构图的主要形式和方法。

学习目标

- 了解构图的特点与要求;
- 掌握影视画面结构成分和构图元素;
- 掌握构图主要形式。

教学重点

- 构图元素;
- 构图方法与应用。

"构图"一词来源于拉丁文的 composition,其含义是指在画面内对造型素材进行取舍、组织、安排、建构,表现素材的联系及其结构法则等。"构图"在现代用法中有广义和狭义之分。广义的构图不仅仅体现在电影和电视的概念之中,而是指各类艺术进行创作的艺术构思、结构、修辞及艺术处理;而狭义的构图指在造型艺术作品创建中,对具体材料、素材的艺术处理、安排、组织及其结构规律、章法等。

构图的目的在于有机地组织造型素材,表达一定的思想内容,包括选择、剪裁、取舍以及提炼景物的各种关系,最后以一种特定形式表现出来。根据事物的变化规律和艺术法则做出恰当的安排,在复杂的现象中找到头绪,理出脉络,分清主次,并把各种素材统一起来,以构成一个完整的艺术作品。

3.1 影视构图概述

构图是以现实生活为基础,又比现实生活更富有表现力和艺术感染力,可以使影视作品的主题得到更完美的表现。通过构图,摄像师澄清了要表达的信息,把观众的注意力引向其发现的那些最重要、最有趣的要素。

3.1.1 影视构图的特点

影视画面构图虽然借鉴了一些绘画及摄影画面等静态构图的技巧与方式，但是为了表现影视画面的运动性这一突出特点，形成了与绘画、摄影不同的特点和规律。

1. 运动性

影视画面分固定画面和运动画面两种，但并不意味着固定画面就可以像摄影画面那样进行构图处理，二者在本质上有着很大的区别。因为在影视画面的概念里，所谓固定画面是指在摄像机机位不动、镜头焦距不变化、光轴方向不变化的条件下拍摄的画面。而运动的形式有三种：一是被摄对象自身的运动；二是摄像机的运动；三是被摄对象和摄像机的共同运动。固定画面并不排斥画面内部产生的被摄对象运动，即被摄主体的运动。在影视画面的拍摄中，即使画框范围是和图片摄影一样的固定形式，那么由于表现的对象存在的运动性，也将会使这种画面构图情况与图片摄影构图产生明显的区别。而作为影视画面的另一种重要类型，运动画面拍摄是产生画框的运动，比如拍摄推、拉、摇、移等镜头。可见，画面的范围大小和视角的变化都直观地表现了画面的运动性。

由于被摄主体的运动、摄像机的运动或者二者同时运动，都将会不断地改变画面构图的结构，改变画面构图形式，改变画面中叙事的重点，改变画面中人物、景物的位置，改变画面构图中的背景关系和透视关系。此时画面中的所有造型元素都处于一个有序的变化过程中，会形成不同的结构效果和视觉流效果。

2. 整体性

作为绘画和图片摄影作品来讲，由于作品本身孤立地存在，所以必须是独立的、完整的，能够全面反映主题思想的。而影视通常都是通过一定数量的镜头连接起来进行叙事的，这些镜头的数量随着节目类型的不同而有所区别，可能是用几个、十几个镜头表现一个小段落，也可能是几十个、几百个镜头叙述一个故事，如纪实性节目或者电影等，甚至也有可能是多达上千个镜头连续组接共同完成的。因此，对于单个镜头来讲画面构图未必完整，也并非需要每个画面构图都必须完整，但是这些镜头连接以后进行叙事和抒情时，就要求它们之间具有连续性和整体性。也就是说，在段落镜头中，镜头的整体性不是依靠每个单个镜头叠加而形成的，只是整体段落的表达需依靠单个镜头的连续，而又对可能不完整的单个镜头做出总体意义上的说明和解释。

3. 多视点

影视画面构图区别于静态造型艺术的一个重要方面，就在于影视画面处理视点的多变性。从视点上来讲，即使在表现单一对象时，影视画面也可采用多视点、多角度的变化，以达到多方位、整体全面揭示阐释对象的目的。加之不同景别和运动画面的运用，被摄对象的形象与周围对象及景物的关系也在不断变换，画面构图的形式元素和结构成分也随之产生相应变化,带给观众绘画和图片摄影所不能够带来的视觉印象和因视觉的丰富变化而形成的心理上的微妙变化。

视点丰富多样,变化情况复杂。一个镜头至少有一个视点,在运动画面拍摄时,还可能在同一镜头里产生不止一个视点。如拍摄移、跟等形式的运动镜头时,视点是变化的,而且是连续变化的,其方位、角度和景别都将会随着视点的变化而变化。同时,视点的多变,给画面构图也带来无穷的变化,即构图随着视点的变化而变化。

4. 时限性

在进行影视画面构图时,不可能像绘画一样可以先进行仔细的观察、缜密的分析、周全的计划甚至预先的演练,甚至也不能像图片摄影一样对画面构成元素进行相对刻意、周到的安排,或者说仅可能在某些影视艺术形式中进行有限的安排和控制,比如拍摄电视剧、MTV、电视艺术片等类型的节目时。而在拍摄新闻类和纪实类节目时,特意安排的可能性就几乎不存在了。因此,影视画面构图处理是在现场一次性完成的,而由于画面画框范围的关系,也是几乎不可以修改的。

因此,导演和摄像人员在拍摄之前对有关风格、构图形式及许多具体的问题细节需有明确的设计要求。尽管如此,在依据剧本拍摄的剧情类电视节目,如电影、电视剧、MTV 等中,实拍之前可以进行演练,但是演练需要消耗时间,过多演练也会影响拍摄效率和经济效益。而对于新闻类节目和复杂的大场面,或者基本上不可能重现的场面,比如国庆阅兵或者体育比赛现场直播,是不允许反复拍摄的。这就是构图的一次性。

3.1.2 构图基本规律

构图的目的是得到尽量完美的画面形象和画面结构分布,以便进行画面造型,获得鲜明的艺术形象,运用构图的手段阐释主题内容。在影视画面构图中,遵循一定的原则和规律,可以让摄像人员尽可能明确地、直观地、有效地通过构图来表达主题内容。

1. 画面简洁明了

影视画面处理的时间性,决定了影视画面构图不能像摄影图片那样,可以容纳许多内容,它必须简洁,内容必须少而且能够说明主题。每个镜头画面内容不能面面俱到,要在画面内进行选择、提炼以至抽象、概括,才能从自然的、未经修饰的、凌乱没有章法的景物中"提取"出最有利于表达主题思想的画面来,如图 3-1 所示的影片《卡萨布兰卡》构图画面。还有,也不能通过把一个镜头画面多拍一些时间的方法来试图让观众把该画面看个"仔仔细细",因为人们观赏影视作品有一定的心理习惯,过长地观看同一个画面,会产生令人难以承受的厌恶感觉,破坏艺术美感。

图 3-1　影片《卡萨布兰卡》中突出主题的画面

2. 画面主体突出

对于大多数观众而言,观看影视时都是一次性的,观众很少有机会能够重新回头再看一次。因此,影视画面的时限性要求画面所要表现的主体对象一定要突出,构图必须主体单一,这是衡量构图的主要标准之一。评价影视画面的构图,主要看对主体的表现力如何,与画面其他部分的关系是否配合得当。一般来说,主体必须与陪体和环境等形成主次分明、相互照应的关系,这样才能正确表现画面所要表达的内涵,从而避免喧宾夺主、鱼目混杂。如图 3-2 所示为影片《音乐之声》画面,通过虚化周围环境来突出主体。

在拍摄双人对话镜头时,两人中通常会有一人是主要表现对象,而另一人处于从属地位。拍摄时可以使主要表现对象处于视觉优势地位,用谈话、动作、有利的光线、面部朝向、形象的大小和影像虚实等各手段把观众的注意力集中在主体人物身上。画面中要有一个主体,并不意味着在前景、后景不能有其他人物同时存在,不意味着画面中不允许有几个人或甚至上百人同时出现,而是要有主次。主次分明、重点突出是构图的基本要求,如图 3-3 所示,影片《乱世佳人》中三人对话的镜头中,通过有利的光线、面部朝向和形象的大小突出主体。

图 3-2　影片《音乐之声》中虚化环境、
　　　　突出主体的画面

图 3-3　影片《乱世佳人》突出主体的对话画面

3. 镜头的匹配规律

镜头的匹配是指被摄主体的位置、动作、视线在上下镜头中的统一和呼应,包括主体位置匹配、主体动作匹配、主体视线匹配。主体位置的匹配是指上下镜头中保持兴趣点位置的一致;主体动作的匹配是指上下镜头中被摄主体的动作要保持视觉上的流畅、自然;主体视线匹配是指在连接的上下镜头中,使主体的视线合乎视觉的逻辑规律。

4. 画面具备表现力和造型美

由于影视结构整体性的要求,单个画面构图并不一定非常完整,但是这不影响画面构图要具备表现力和美感的要求。而对于表现力和造型美的要求,重点恰恰在于对单幅画面的构图上面。构图是画面多种形式元素和结构成分的结合,要想真正使构图具备美感、具备表现力,必须运用多种构图手段,让画面内多种成分相结合而统一,而且要充分利用拍摄条件,创造性地拍摄出生动形象、视觉效果优美的画面,如图 3-4 所示影片《黄土地》的造型画面。

5．画面留白规律

画面空白是指主体、陪体等占据的视觉平面以外，空闲无物的视觉平面。空白是画面的重要组成部分之一，绘画理论中有"画留三分白"，这对于影视构图也是可以借鉴的。空白能够烘托沟通画面的各组成部分，给人以空间感、自由感、透视感，增加画面的意境，突出主体，除大特写外一般都要留空白。画面留白能够刻画意境、渲染气氛，促使观众产生联想。当表现运动主体时，有在视觉和心理上造成动势的功能。因此，动体方向的前方、人物视线的前方应留一定空间，一般来说人物前方空间大于后方空间。如图3-5所示为影片《林则徐》中主人公前方留白的画面。

图3-4　影片《黄土地》造型画面

图3-5　影片《林则徐》主人公前方
留白的画面

3.2　画面结构成分

影视画面的结构成分是指作为被观众视觉所接受的一幅画面构图中，被表现的各对象在画面中，依照表现重点程度和被视觉重视程度的不同，而产生的不同结构上的区分。影视画面结构成分大致可以分为主体、陪体、环境等三类。构图处理得如何，取决于画面主体表现得是否成功，以及主体与陪体等的相互关系处理得是否得当。

3.2.1　主体

"主体"是在一幅画面中最需要表达的对象。在进行拍摄之前，该对象往往就已经确定，拍摄任务则是提供种种造型手段的合理、综合的运用，将它突出地呈现给观众。可以这么说，影视中的每一幅画面都是有其存在意义和价值的，而在每一幅画面里也都存在要表现的主要对象，即画面的主体。没有主体的画面，则没有可表现的内容。影视画面中的主体通常具有以下几个特点：从叙事角度来讲，主体可能是单个画面中最主要的表现对象，也是在叙事过程中要表现的最主要对象；主体经常处于画面结构中心最显著、最突出的位置；主体可以是人，也可以是物；单幅画面中，影视片的戏剧主角可以是主体，其他配角或者景物也可以作为主体出现，如影片《斯巴达克斯》的一个主体画面（见图3-6）。

　　由于影视画面存在时限性,故要求主体突出,构图简练,且可被观众明显观察。为了突出画面主体,首先要求摄像师在拍摄之前有明确的目的,思维要确实到位,立意要准确清晰,想要向观众表达一个什么样的对象,事先和拍摄过程中一定要明确。因此,作为摄像人员在拍摄影视画面时,应该利用一切摄像造型的表现手段和艺术技巧使主体得以突出,给观众以鲜明深刻的视觉印象和审美感受,从而更好地传达主题思想和创作意图。

　　那么,在影视画面拍摄和构图中怎样来突出主体呢?

　　(1) 将主体安置在画面中合理的位置。

　　主体在画面中的不同位置具有不同的表意性质,而且不同的构图形态对主体位置的安排具有不同的要求。进行构图时,可通过合理地安排主体在该框架结构中的位置来吸引观众的注意力,以便达到突出表现主体形象的目的,如图 3-7 所示。

图 3-6　影片《斯巴达克斯》主体处于画面 　　　　结构中心的画面

图 3-7　影片《音乐之声》突出主体 　　　　形象的画面

　　(2) 利用对比关系突出主体。

　　画面内的各种结构元素不可能同时作为视觉重点存在。观众在观看画面时,存在着基本的视觉心理表现,可以将其总结为"三个视觉重视",即:一、重视画面内亮的部分,而不重视相对暗的部分;二、重视画面内运动的部分,而不重视相对静止的部分;三、重视画面内图像清晰的部分,而不重视相对模糊的部分。拍摄人员可以利用这一视觉心理现象,通过对比关系突出表达画面主体。运用影调的对比,把主体与背景的色调明显区分开来,从而突出主体,如图 3-8 所示。

　　(3) 利用镜头焦距、被摄主体的物距变化,形成画面不同距离景物的不同虚实对比关系,也是突出画面主体的重要方法之一。这种方法主要是运用了画面内较小的景深关系,形成主体焦点清晰,而前景、后景以及环境等都是部分焦点模糊的,这样清晰的影像总是能够吸引观众视线,而在周围环境模糊的情况下,主体更加突显,如图 3-9 所示。

图 3-8　影片《音乐之声》区分主体与背景 　　　　色调的画面

图 3-9　荷花

3.2.2 陪体

陪体是在画面上出现的、和主体在情节和表现上有直接关系的,辅助主体表现主题思想的对象。陪体在画面中主要是对主体起到陪衬与烘托的作用,帮助主体表现画面内容,渲染画面气氛,并且在一定程度上均衡构图,美化画面。陪体可以是人物,也可以是其他景物。比如在拍摄二人对话镜头的时候,可能画面内说话一方作为主体,而另一方就可以作为陪体出现,以倾听者的身份来烘托说话主体的地位。又比如拍摄一朵娇艳的红花时,它周围的绿叶就可以作为典型的陪体出现,这正像通常所说的"红花还需绿叶扶"一样,陪体之于主体,就像绿叶之于红花的作用。如图3-10所示,影片《音乐之声》画面的主体是人,而琴是陪体。

图3-10 影片《音乐之声》反映主体与陪体关系的画面

由于陪体在画面中的表现意义居从属地位,所以它出现在画面中时通常不能占据与主体相当的地位,更不能超越主体占据主要地位,否则会喧宾夺主,使观众在观看画面时难以分清主次,影响主题意义的表达。对于陪体处理,应该注意以下几个方面。

首先,陪体在影像上不能强于主体,这里所说的"影像"主要包括陪体的大小尺寸、焦点清晰程度、运动状态、光影强度等各方面,都不应该超越主体。

其次,陪体在时间处理上,可以处理得比主体占据的时间稍短,这样也可以适当起到突出和衬托主体的作用。

3.2.3 环境

环境指画面上主体周围的人物、景物和空间构成情况,包括前景、后景和背景三个组成部分。环境是画面中的重要组成部分,一切主体和一切画面主题的表达都必须依托于一定的环境中。环境是主体人物和表现对象所生活和存在的空间,是叙事的基本场景,是剧情发生和发展的具体地点,是构图的重要结构成分。影视画面中环境的作用,主要表现在以下几点。

(1)表明主体的活动地域、时代特征、季节特点和地方特色等。

这样的例子有很多,比如在影片《活着》中,描述了一个家庭从解放前到新中国随着社会改变和动荡而颠沛流离、悲欢离合的曲折生活经历。为了表现这个主题,片中的环境特征也就相应地适应不同的时代特征和地域特点。从一开始的封建富贵家庭的豪门大院,到战争时代的硝烟战场,再到解放后普通人家的窄巷小院,无不反映了当时的社会环境,和在这个环境中与生活、与社会持续做着顽强斗争的几个普通人的生活经历,如图 3-11 所示。

图 3-11　影片《活着》环境特征画面

（2）通过环境来展现人物身份、职业、特点和爱好等情况以及对剧中人物情绪进行表达。

比如影视剧《天龙八部》中萧峰出场的场景中,具体环境是一场盛大的宴会,一群好汉围着他拼酒,大家酒量不如他,纷纷倒下。从这里就很明显地体现了萧峰为人豪迈、好酒嗜斗的性格特点,也可以进一步烘托出整个环境中人物的职业和身份特点。

从屏幕的纵深方向上来看,环境从前到后依次分为前景、后景和背景三个层次。

1. 前景

前景是画面中最靠近镜头的景物,它的显著特点是位于主体前面,较之主体有更接近于镜头的层次关系。前景的作用主要是构成具体环境,表达画面内容,表现画面纵深空间,从而突出主体。同时,对展现主体所处的时间环境、时代背景、地形地貌特色等有着很强烈的表现作用。如图 3-12 所示,影片《音乐之声》画面中树叶是前景。而一些活动的主体或者运动镜头中运动的前景可以活跃画面气氛,表现运动节奏,增强戏剧节奏。

图 3-12　影片《音乐之声》树叶作为前景的画面

前景通常位于画框四角或者边缘位置,大多时候只是在其中某个位置出现,一角或者一边。前景的形状、线条结构、透视和色彩关系都将起到对主体的烘托或者妨碍作用。前景是画面中重要的结构元素,但是并非每个镜头都需要前景,正确处理前景,一定要注意以下几个方面。

前景的位置,处于最接近镜头的地方,自然可能对它后面的景物产生遮挡。处理这种关系时要注意,如果主体正处于主要情节表现时,一定要避免遮挡,而如果在画面的背景中有一些多余的、影响构图表现的景物时,可以适当利用遮挡关系,将它们隐藏在前景的背后。

使前景离开视觉中心位置,它的面积不能过大,否则会掩盖主体,抢夺观众视线。前景通常都在画面边角位置,一般也只是以单独形态出现,尽量避免使用大量前景占据画面中大片空间,除非特殊需要。

前景景物亮度不宜超过主体,色彩方面也不能显得比主体鲜艳。有时,由于透视等关系产生前景影响主体的情况,需要对前景采取适当的处理,比如将其稍加遮掩等。

另外,可以利用焦距和拍摄距离的变化,使前景影像以较虚的形式出现来突出主体。

处理运动的前景时要注意,它出现的时间不宜过长。而在处理运动镜头时,由于相同的运动速度下前景的动势更强烈,因此,如果前景是竖向线条,镜头的横向移动速度就应该变缓;而反之,如果前景是横向线条时,镜头的纵向移动速度就应该变缓。

2. 后景

相对于主体而言,如果说前景指的是存在于它前方的人物或者景物,那么后景与前景相对应,是指那些位于主体之后的人物或景物。有时,后景是环境组成中的一部分,但是不能说后景就是环境。后景除了当环境因素以外,还可以包括人物或其他景物。如图 3-13 所示,影片《音乐之声》主人公后面的湖是后景,远处的天空、山峦是背景。

图 3-13　影片《音乐之声》呈现后景与背景的画面

后景的作用表现在以下几个方面。

(1)和前景一样,后景也是构成环境,表达画面内容和纵深空间的重要成分,对于突出主体有着不可替代的作用。

(2)后景可以表现主体所处的环境,揭示主体的活动状态及与其他结构成分之间的关系,有利于表现主题思想和内容。

(3)运动的后景可以体现运动节奏,体现动静关系,增强画面动感。

(4)后景和主体进行对比,可以起到突出主体的作用。

后景多处于主体对象的后方,在背景前面。它可以处于画框的边角,也可能处于画框的主要区域。当我们对后景进行选择和处理时,应当注意以下几点。

（1）后景的安排不得在形象、影调、色彩方面过度突出，以免夺取观众视线，影响主体表现。但是另一方面，又应该注意后景选择与主体形成一定的对比，避免过分接近而导致主体不突出。

（2）后景在画面中存在的比例和尺寸可以与主体接近甚至超越主体，但是，拍摄者必须通过对其清晰度的控制——比如，利用光圈或者焦距处理将后景移出画面景深范围——使其不会在视觉上喧宾夺主，影响观众对主体的感受，也不至于使画面杂乱，失去合理的层次表现。

（3）后景形象选择不宜过分复杂，如具有纷乱的线条和复杂的轮廓等。要尽量简化后景，只要能够达到衬托和突出主体的目的即可。

（4）可以利用焦点转换的方式在前景、后景之间变化虚实影像，实现纵深方向上不同的主体表达。

3. 背景

背景在实践中有时可能与后景混淆，但是它们指的并非相同概念。一般来讲，后景的概念是相对前景而言的，二者分别在纵深方向上处于主体的前后位置，它的主要作用，并不是表现主体所处的环境和空间，而且该前后位置关系还可以随着场面调度的要求而有所变化。而背景是画面中距离最远层次的景物。它对一切处于其前的景物、人物起衬映作用。通常在外景中，背景由山峦、天空、大地、建筑物等组成，而在内景中，背景可以是房间整体环境，也可以是局部环境，比如窗户、墙壁或者其他景物。背景对展现主体所处的时间环境、时代背景、地域和空间环境及地形地貌特色等有着很强烈的表现作用，有助于帮助主体阐述画面内容，如图 3-12 所示，影片《音乐之声》画面主体人物后面的山峦、天空是背景。

3.3　构图的形式元素

在影视艺术中，摄像师拍摄影视画面的目的，是要使画面构图有形象性、有风格性、有形式感、有美感且有视觉重点。影视构图是被摄对象在画面中占有的位置和空间所形成的画面分割形式，其中包括光影、明暗、线条、色彩等在画面结构中的组合关系，以此构成视觉形象。被摄对象在画面中的表现是否恰当，画面形式是否优美，取决于构图处理手法以及光线、线条和色彩诸造型因素的运用。

所谓"形式元素"，是指影视画面的构图中画面形象的组成和表现形式，它们最终通过这些形式，以视觉形象的结果出现在观众眼前，被观众感知。光线、色彩、影调、线条和运动等元素是影视画面构图中的几个重要形式元素。这些元素具有各自鲜明的特点和表现力，合理地运用这些元素成为完成优秀构图不可或缺的必要条件。

1. 光线

"电影就是用光线在银幕上作画的艺术"，影视画面在这点上也是一样的。只有存在光线，才可能存在影视画面，也才能存在影视画面构图之说，如果没有光线或者光线不能满足影视画面拍摄的要求，影视画面构图也就无从谈起；而光线是变化的，画面的构图效果和艺术氛围也会发生改变。在构图时正确运用光线,是决定画面构图质量的首要因素。如图 3-14 所示,影片《乱世佳人》中女主人公躺在床上,光线斜射在脸上的特写画面,表现了主人公渴望安定、渴望爱情、渴望生存和渴望富裕的强烈而真实的内心情感。

2. 色彩

人们很难想象眼前的世界失去色彩是怎么样的,对于影视画面来说也是一样。色彩本身就具有自身的表现力,如冷暖色调、深浅浓淡和色系搭配等。不同的色彩表达着不同的含义。可以这么说,是色彩给影视画面注入了情感。在影视画面中,对于主体而言,通过颜色的设计和搭配,可以给主体赋予一定的感情基调,增强主体的表现力;而对于环境和陪体而言,虽然我们所处的环境是五颜六色的,但拍摄者却可以通过主观上的选择和提炼,形成一定的色彩基调,从而从侧面烘托出影视画面所需要的氛围,更加突出主体。如图 3-15 所示,影片《乱世佳人》用色彩强化主题。

图 3-14 影片《乱世佳人》运用光线元素描写主人公内心情感的画面

图 3-15 影片《乱世佳人》色彩运用画面

3. 影调

影调包括两个方面的内容:画面中景物形象的明暗对比和明暗过渡,也就是对比度和层次。影调是揭示景物明暗关系、形成画面可视性效果、参与画面构图、表达感情和创作意图的重要体现。

如图 3-16 所示,影片《魔戒三部曲》中的不同光线营造出不同的视觉基调,神秘浪漫的精灵族领地用对比强烈的金色亮调,显得高贵;阴霾笼罩的末日火山用暗调;祥和宁静,生机盎然的霍比特人的世界则采用柔和的自然光线。

任何被摄对象,无论是人物还是景物,都存在着一定的明暗和反差。而在影视画面中,必须将这种反差关系表现出来。其实,在画面中并不需要忠实还原景物的实际亮度值,而关键是要把景物中存在的实际亮度关系表现出来,这样就可以带给观众一种与景物亮值上接近的对比关系,形成适合的视觉印象。

4. 线条

线条是构图的重要组成部分,它是指画面影像所表现出的轮廓线和形象之间的连接线。每一个物体都有自己的边沿存在形式——线条,反映到影视画面中,同样会表现为由视觉所

(a)   (b)   (c)

图 3-16   影片《魔戒三部曲》不同影调的画面

能感知的景物轮廓线、相类似的景物的连线等,比如地平线、道路、隔离栅栏组成的连线等。通过某种或者某些线条的组合,人们就能够联想到相关物体的存在和运动状态,所以线条是造型艺术的重要方法之一。如图 3-17 所示,纪录片《意志的胜利》(1935 年)中点线面构成的对比突出了位于中间位置的希特勒的权力核心。

图 3-17   纪录片《意志的胜利》中运用线条的画面

线条可以分为如下几类:

(1) 水平线条,如地平线、海平面等。水平线容易使观众视线横向运动,产生宽阔、延伸、舒展的感觉。在拍摄大地、海洋、湖泊、草原等场景时,以及拍摄风光片、抒情片等方面的镜头时,通常采用水平线作为构图的主线条,以强调画面的辽阔、舒展、秀美和宁静的气氛。

(2) 垂直线条,如大树、烟囱、塔楼等。垂直线容易传达主体的高耸、刚直之感。在影视作品中,拍摄如英雄人物、高大形象、经济建设繁荣发展等类型节目时,通常使用垂直线条,可以得到雄伟、向上、挺拔的艺术效果,突出人物的精神面貌和场景的巍峨气势。

(3) 斜向线条,如穿过屏幕对角线的斜线条。斜线条易导致观众视线从一端向另一端扩张或者收缩,产生动感和纵深感,当构图以斜线作为主导线条时,画面会显得活跃或动荡不安等。影视作品中,比如拍摄车水马龙的交通要道、整装待发的部队阵列等常用斜线条来构图。

(4) 曲线条,曲线则指一个点沿着一定的方向移动并发生变向后所形成的轨迹。如山上的羊肠小路、俯拍的"九曲黄河"以及雄伟的万里长城等构图,曲线具有流动感、韵律感与和谐感。影视作品中,当构图的主线条为曲线时会使画面表现出生动活泼、起伏舒展的美感,常见的有 S 形线条、圆形线条、弧线(C 形)线条等。

5. 运动

在构图因素中,最有影视特点的是运动,这是影视画面的突出特性之一。影视摄像的运动造型因素大体分为被摄主体的运动、摄像机的运动和综合运动三个方面。运动对构图的影响主要体现在以下几方面。

(1) 影视画面不是静止的,它是动态的画面,其中大部分景物、人物都是活动的。因此,画面中景物之间的关系也在变化,由此会引起构图的变化。

(2) 影视画面既能表现运动,也能在运动中表现。影视画面上的视点不但可以作上下左右方向上的运动,还可以作前后左右距离上的运动,这对于展示空间、表现运动是极为有利的。

(3) 摄像师应充分利用影视画面对运动的表现与揭示作用,去反映生活中最有趣、最生动和最有说服力的动态变化过程。

影视画面中的物体大多数是经常运动的,其运动的姿态和走向在不断变化,因此外部轮廓也在不断变化,由于视觉暂留特性,运动物体的轨迹线同样对人产生心理作用。

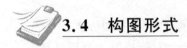

3.4 构图形式

摄像机眼前的世界是一个运动的世界,摄像人员要通过画面表现这种运动。在镜头语言里,这种运动是通过摄像机与被摄对象之间的动静变化,以及画框边缘部分对景物的截取而产生的。构图形式服务于画面试图表现的主题内容,是各种视觉因素在画面中的布局形式,也是导演和摄像师阐述画面语言、把握影片风格的重要手段。

3.4.1 内在性质构图形式

从镜头视角与被摄体的运动关系角度,以及从画框对景物的取景关系角度,可以将影视画面构图分成静态构图和动态构图两种。

1. 静态构图

静态构图是在固定的视点上拍摄静止的被摄对象和暂时处于静止状态的运动对象。构成静态构图的基本条件是镜头类型为固定镜头,也就是在同时满足机位不动、镜头焦距不变化、镜头光轴不变化的条件下拍摄的画面。而此时又由于景物处于相对静止状态,所以画面内的构图关系是相对固定的,画面基本组成情况是不发生变化的。这点与图片摄影和绘画有相似之处,但是它们之间还是有明显区分的,最大的不同就在于影视画面可以表现一种时间上的连续,而前二者则不能。另外,在影视画面中,所谓"静态构图"可能随时产生各种形式的运动,形成非静态构图结构。

在静态构图中,被摄主体的位置基本不发生变化,画面景别和透视关系不发生变化,造型因素不发生变化。画面构图组合形式基本不变,而且多为单构图形式。这种构图组合是动、静两种势力暂时的均衡,而不是真正的静止。它能在相对运动的前后画面中给人宁静、稳定的感觉,同时又是一种视觉铺垫和参照,如图 3-18 所示。

图 3-18　影片《音乐之声》中的静态构图

静态构图有以下作用。

(1) 展现静止的、无运动的拍摄对象的性质、形状、体积、规模、空间位置以及与其他对象之间的关系。

(2) 展现人物或者其他运动的拍摄对象处于静止状态时的神态、心态和情绪。

(3) 稳定的画面形态,从视觉到心理上都给观众一种强调的意味,而其本身更是具有一定的象征性与写意性。

(4) 以画面的静态构图形式结束对前面若干镜头的运动表现,有结束的意味,也为后面的镜头在视觉上做铺垫。

静态构图在影视画面中的处理和运用,需要注意以下一些方面。

(1) 全片静态画面构图中要表现出内容、形式和风格的统一,全片的场景风格如果能从整体上进行处理,对影片叙事与写意有很大帮助。

(2) 主要对象行为动作的表现形式是静态的,其情意含义也是通过静止状态表现的,静态构图的运用可达到形式与内容的统一;行为动作形式是静态的,但内在思绪、情绪变化都是复杂的、激烈的,而采取简单静态表现形式,将使内容不受干扰地表现出来。

(3) 对景物的静态构图,要注意景物与空间的造型关系,要有背景衬托。构图时可以处理为客观景物的直接展示,也可以处理得将画面美化,赋予一定的情感,产生一定的象征意义。

(4) 对人物的静态构图,要在构图上富于装饰性,利用人物在画面中的位置、朝向、角度、姿态和光线等元素在构图中反映出人物的心态、情态和神态。

(5) 充分考虑视觉心理需要,安排好光线、色彩,控制好镜头的时间长度,以免让观众视线分散和视觉呆板,同时也要防止由于构图本身的作用使连贯的静态构图有拼贴图案的视觉感受。

2. 动态构图

动态构图中,画面的形式元素和结构成分发生了变化。此时,并非需要画面中所有的成分发生变化,只要被摄对象和摄像机位置,或者镜头的焦距以及光轴这些因素同时或者分别发生运动,在这个过程中拍摄得到的画面,视觉形象、结构元素和元素间的相互关系就将发生改变,这是一种动态构图形式。如图 3-19 所示为影片《乱世佳人》中的主人公骑马的一组摇镜头。

图 3-19　影片《乱世佳人》中的动态构图举例

动态构图是一个广义的概念,不能笼统地说动态构图就是运动镜头,它是包括了运动镜头在内的画面内部和外部运动变化综合结果的体现。在以下几种情况下可以得到动态构图画面。

(1) 拍摄固定画面,但被摄对象发生运动。固定画面中,画框不发生运动和改变,但是,画面内的对象发生内部运动。虽然这时还是固定画面的形式,但是却表现为动态构图。比如,在转播体育比赛短跑项目时,将机位设置在运动员正前方,拍摄运动员向镜头跑来的场面。这种情况下的构图,环境不变,随着主体的运动,拍摄距离发生变化,因此景别也相应地发生变化,便于更好地表现人物或者表现人物与环境之间的关系。

(2) 在被摄对象静止的情况下拍摄运动画面。静止的被摄对象包括静止的人物、风景和静物等。拍摄时利用摄像机的运动、镜头焦距的改变或者光轴的转动,拍摄推、拉、摇、移、升、降等运动镜头。这种情况下的构图,主体的位置、尺寸、与环境的关系,甚至透视效果、照明状况和影调关系都可能相应地发生变化,产生新的组合。

(3) 在拍摄运动镜头的同时,被摄对象也发生一定的运动。这时,画面空间关系是变化的,而画面内的被摄对象与画框之间的关系也可能变化,也可能不变。

动态构图的造型特点和作用,主要体现在以下几点。

(1) 丰富画面,产生不同的构图结构。动态构图一般都是多构图形式,由于主体及摄像机的运动,产生了方向、方位的纵深调度关系,产生了焦点虚实的更迭、前后景的变化、人物关系的变化、造型元素多少的变化、角度景别的变化等。这样的构图形式可以不经过镜头间的组接,而是通过一个镜头内的内部蒙太奇造型形式交代多个含义,传达多种信息。

(2) 表现对象的运动过程,体现影视画面"表现运动"的特点,动态运动的速度将直接影响到画面节奏和人物情绪的表现。

(3) 动态构图常会影响到视线的集中及对视线的限制,它所产生的画面的内在节奏和心理感觉节奏,可以直接影响前后画面的造型连贯性。

(4) 在动态构图的画面里,画面的结构成分可能不是一成不变的。如随着摄像机和被摄对象的运动,画面构图结构的改变,画面中的主体、陪体以及环境因素之间的关系可能产生相互的变化和替代。

动态构图在影视画面中的处理和运用,需要注意以下方面。

(1)通过运动机位或者镜头而得到的动态构图画面,要以运动的起幅和落幅作为构图重点。在运动过程中,也许不可能做到每个时刻都在构图中符合章法。除了特殊需要外,摄像机应做到平、准、稳、匀,即起幅、落幅平稳,中间流畅,画面切忌颤抖和摇晃,速度不能忽快忽慢,更不能在拍摄时来回重复运动,比如在同一个镜头内进行反复的推拉或者从左到右,再从右到左的横摇。

(2)在动态构图中要始终抓住构图主体,掌握速度和节奏。速度的快慢影响节奏,进而影响观众的情绪,产生不同的心理效果。

(3)在动态构图中,要强调景别变化、方向变化和角度变化三种变化状态。其中,角度变化包括客观角度变化和主观角度变化。

(4)动态构图对被摄体的最终表现,一般都不是出现在画面的最开始部分,而是通过一个渐进过程逐步展开,视觉形象的形成是从少到多、从局部到整体,不断积累而最终产生的。

3.4.2 外在线形构图形式

根据影视画面构图形式的外在线形结构的区别,还可以将其分为水平线构图、垂直线构图、斜线构图、三角形构图、曲线构图、黄金分割式构图与对称构图等。

1. 水平线构图

水平线构图的主导线形是向画面的左右方向,即水平线方向发展的,适宜表现宏阔、宽敞的横长形大场面景物,如图3-20所示。如沙滩、草原放牧场景、层峦叠嶂的远山、大型会议合影、河湖平面等,经常会用水平线构图来表现。如图3-21所示,影片《音乐之声》采用水平线的构图形式,突出影片主体活动的环境。

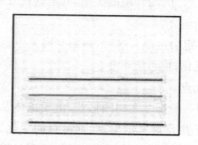

图3-20 水平线构图方式   图3-21 影片《音乐之声》中的水平线构图画面

在进行水平线构图时,最好不要让水平线从画面正中间穿过,也就是说不要上下各1/2,最好将水平线放在画面上1/3处或下1/3处。

2. 垂直线构图

垂直线构图的景物多是向画面的上下方向发展,采用这种构图的目的往往是强调被摄对象的高度和纵向气势,比如,在拍摄高层建筑、钢铁厂的高炉群、树木、山峰等景物时,常常将构图的线形结构处理成垂直线方向,如图 3-22 和图 3-23 所示。

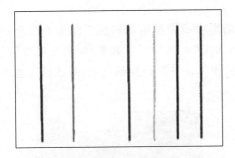

图 3-22 垂直线构图方式

图 3-23 垂直线构图画面

垂直的线条象征着庄严、坚强、有支撑力,传达出一种永恒性。在自然界中很多物体、景色都具有竖线形状的结构。电线杆、路灯、旗杆经常会是大场景画面中碍眼的物体,不如将其直接作为主体来尝试拍摄。

提示:垂直线构图与水平线构图有相同之处,一般都不能处在画面的 1/2 处,垂直线应尽量处在画面的三分线上。

3. 斜线构图

斜线在影视画面中,一方面能够产生运动感和指向性,容易引导观众的视线随着线条的指向去观察;另一方面,斜线能够给人以三维空间的第三维度的印象,增强空间感和透视感,如图 3-24、图 3-25 所示。

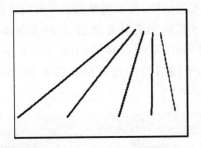

图 3-24 斜线构图方式

图 3-25 影片《音乐之声》中的斜线构图画面

在斜线构图中,最典型的构图是画平面的两条对角线方向的构图。采用对角线构图,视觉上显得自然而有活力,醒目而富有动感,如图 3-26 和图 3-27 所示。

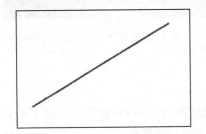

图 3-26 对角线构图方式

图 3-27 影片《战争与和平》中的
对角线方向构图画面

4. 三角形构图

在影视画面中,将所要表达的主体放在三角形中或影像本身形成三角形的态势。三角形构图产生稳定感,倒置则不稳定,突出紧张感,如图 3-28 所示。如影片《天堂电影院》采用三角形构图方式,引导观众视线会聚于画面矛盾主体——叶莱娜的父亲,暗示这对恋人社会地位的隔膜及其注定无望的爱情,如图 3-29 所示。

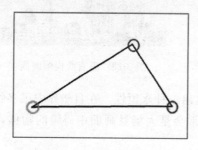 

图 3-28　三角形构图方式　　　　图 3-29　影片《天堂电影院》中的三角形
　　　　　　　　　　　　　　　　　　　　　　　　　构图画面

5. 曲线构图

曲线构图又称为 S 形构图,也是一种常见的构图形式。画面中的曲线,不仅能给观众的视觉以一种韵律感、流动感,还能够有效地表现被摄对象的空间和深度;此外,S 形线条在画面中能够最有效地利用空间,可以把分散的景物串连成一个有机的整体,如图 3-30 所示。

水平的 S 形构图能给人以悠远、绵延、没有尽头的感觉,观者视线随着 S 形向纵深移动,可有力地表现场景的空间感和深度感;而垂直的 S 形构图更具有动感,让静态的画面具有流动的视觉效果,如同溪流带给人们的感觉一般。影片《战争与和平》中法军在几十里长的冰天雪地狼狈溃逃的画面用 S 形构图,表现了战争溃败后的没有尽头的艰难,如图 3-31 所示。

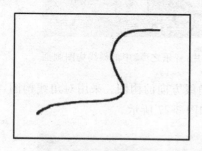 

图 3-30　曲线构图方式　　　　　图 3-31　影片《战争与和平》中的 S 形构图画面

6. 黄金分割式构图

黄金分割在西方历史上被认为是最神圣、最美妙的构图原则,被广泛运用于绘画、雕塑和建筑艺术之中。将黄金分割借鉴到影视画面构图中,也具有一定的美学价值,能够使人悦目。

黄金分割运用于摄像画面构图,首先表现在画幅比例上,影视画幅比例也是接近黄金分割的;其次黄金分割体现在画面内部结构的处理上,如画面的分割,主体形象所处的位置,地平线、水平线、天际线所处的位置等,如图 3-32、图 3-33 所示。

图 3-32 黄金分割线构图画面

图 3-33 影片《青春之歌》中的黄金分割线画面

黄金分割是人们习惯的形式法则,在一般情况下人们常以此进行构图,但客观事物是丰富变化的,人们的主观创作意图也各不相同,黄金分割不应成为拘泥创作的规律。黄金分割最先在摄影中运用,而在摄像中运用起来并不容易,因为要拍摄的是一组连续活动的画面。但是在摄像中大体遵循这样一种构图规律,比如摇镜头的起幅和落幅,推拉的起、落幅等。

7. 对称构图

对称是一种普遍存在于自然界的现象,构图中使用对称的形式,画面效果平衡、稳定,会给人带来庄重、肃穆的感觉。但是,对称构图的不足之处是容易使画面显得呆板平淡,缺少变化。对称构图对于自身具有对称特征的拍摄对象(比如建筑等)具有很好的表现效果。在使用对称构图时,为了使画面不因为缺少变化而显得呆板,可以适当加入环境的表现以及前景的使用,从而使画面显出活力。如图 3-34 所示为对称构图方式,图 3-35 所示为影片《音乐之声》中的对称构图画面。

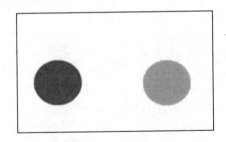

图 3-34 对称构图方式

图 3-35 影片《音乐之声》中的对称图画面

在摄像中构图是决定画面效果的重要因素,不同景物与画面的拍摄在构图方式上都有一定的差异,主体明确对构图效果非常重要,只有明确画面主体,才能在拍摄中明确主次,处理好不同拍摄景物之间的关系,才能增加镜头画面的表达效果。

根据拍摄主题与题材的不同,构图方式也不尽相同,有时需要突出人物,有时侧重于景物,有时需要突出人物心情,而有时更要注重情感的表达。对于一部优秀的影视作品来说,摄像构图关系到人物、景象等的视觉表现力,是影响镜头画面感染力最重要的条件。对于一名摄像师来说,它更是衡量技术水平的重要因素之一,只有把握好构图技巧,拍摄影视画面才具有感染力和说服力。

提示:摄像中画面构图有二十条禁忌,即一忌"七扭八歪",二忌"面壁思过",三忌"横线切脖",四忌"顶天立地",五忌"缺边少沿",六忌"顾此失彼",七忌"头重脚轻",八忌"刀光剑影",九忌"杂草丛生",十忌"哆哆嗦嗦",十一忌"空洞无物",十二忌"起落不稳",十三忌"运动随意",十四忌"犹豫不定",十五忌"或快或慢",十六忌"主体游移",十七忌"长焦摇晃",十八忌"越过轴线",十九忌"没有主题",二十忌"背影重重"。

本章小结

构图是摄像师将客观世界转变为影像世界的重要过程,把凌乱的点、线、面和光线、色彩等视觉要素组织成有序的、美妙的画面,进而传达作者的感情和思想。本章介绍了影视画面构图的特点与要求、影视画面结构成分、构图的形式元素以及常用的各种构图形式。

中篇

摄 像 篇

第4章

影视画面拍摄

通过前面章节的学习，我们已经熟悉了影视画面以及构图的相关知识和技术。为了使拍摄的影视画面具有艺术性和欣赏性，本章在介绍固定画面拍摄的基础上，重点阐述运动画面拍摄以及影视场面调度的相关内容。

学习目标

- 掌握固定画面的特点、作用、摄像要求与注意事项；
- 掌握运动镜头的画面特征、拍摄方式与注意事项；
- 掌握场面调度方法。

教学重点

- 各种镜头的画面特征；
- 各种镜头的拍摄方式；
- 场面调度的方法。

作为一名影视画面拍摄的专业人员，摄像师应能够运用所掌握的一切造型表现技巧，并合理地运用拍摄技巧进行影视画面拍摄。影视画面拍摄主要分为固定画面拍摄、运动画面拍摄以及影视场面调度。

4.1　固定画面的拍摄

固定画面，是指摄像机在机位不动、镜头光轴不变及镜头焦距固定的情况下拍摄的画面。机位、光轴、焦距"三不动"是拍摄固定画面的前提条件。机位不动，则摄像机无移、跟、升和降等运动；光轴不动，则摄像机无摇摄；焦距不动，则摄像机无推、拉运动。在固定画面中，人物可以运动、光影可以变化，有一点是不动的，就是画面框架。如图 4-1 所示为影片《音乐之声》主人公做家教刚进屋后的 35 秒固定画面。

图 4-1　影片《音乐之声》主人公进屋后的固定画面

就画面的内外运动因素来说,它有着两种可以区分的运动形式。一是活动的画面内容,即摄像机所记录表现的被摄对象的运动,称为画面内部的运动;另一种是摄像机的运动,即画面外部的运动。抛开画面外部运动不谈,固定画面不仅能够记录和表现静态对象,同样也能够很好地表现画面内部的运动。摄像机在拍摄中发生了运动变化所拍得的画面叫运动画面,而机位、光轴和焦距"三不动"的情况下,不论被摄对象处于静止状态还是运动状态,统称为固定画面。

要想做好摄像工作,一开始就应从固定画面的构图和造型表现等环节上下工夫,具备在固定画面所提供的造型世界里,记录和表现动态的生活及主体运动的职业素质。

1. 固定画面的特点

固定画面是从摄像机的工作状态和角度来界定和分析画面的。与此相联系,由于拍摄固定画面时摄像机的机位、光轴和焦距"三不动",因此固定画面在画面形态和视觉接受上就具备了与运动画面不同的特性。了解固定画面的特性,是拍摄优质固定画面的前提。固定画面主要有以下三个特性。

(1)框架固定,外部运动消失。

固定画面的"固定"最直接和最显著的标志就是画面构图的框架是固定的,而不像运动画面那样,可能出现上下、左右、前后等位移和变化。从实践的角度说,固定画面在拍摄过程中,镜头是锁定的,通过摄像机的寻像器所能看到的画面范围和视域面积是始终如一的。但是,固定画面外部运动的消失,并不妨碍它对运动对象的记录和表现,也就是说固定框架内的被摄对象既可以是静态的,也可以是动态的。如图 4-2 所示为影片《音乐之声》的固定画面。

图 4-2　影片《音乐之声》框架内的主人公运动固定画面

（2）视点稳定。

固定画面拍摄时消除了画面外部的运动，镜头相对稳定，实际上就是给观众以相对集中的收视时间和比较明确的观看对象。固定画面所表现出的视觉感受，类似于人们站定之后，对重要的对象或所感兴趣的内容仔细观看的情形，它不同于摇摄、移摄所经常表现出的"浏览"的感受，也不同于推摄、拉摄所表现出的视点前进或退后的感受，正因为固定画面满足了人们较为普遍的视觉要求和视觉感受，因此符合人们日常生活停留细看、注视观察的视觉体验和视觉要求。

（3）视点单一。

固定画面框架内的造型元素是相对集中和比较稳定的，一个镜头很难实现构图的变化；对活动轨迹和运动范围较大的被摄主体难以很好表现，比如花样滑冰、赛跑等。因此，固定画面视点单一，视域区受到画面框架的限制。

2. 固定画面的作用

很难想象如果没有了固定画面，影视艺术和摄像会成为何等模样；但至少有一点可以肯定，那就是不管技术和摄像设备如何更新换代，不论运动摄像如何简便、自如与变幻多姿，固定画面仍然会在艺术的殿堂里占有一席之地，仍然具备其不可替代的功能和作用。

（1）表现静态环境。

固定画面中背景和环境的表现，能够在观众的视线中得到较长时间、比较充分的关注，在视觉语言中常常起到交代客观环境、反映场景特点和提示景物方位等作用。因为摄像机的运动，客观上会使背景的作用大大降低，把观众的注意力引向运动对象或摄像机运动的方向；相反，在固定画面中静态的环境，能够在静止的框架内得到强化和突出。固定画面对静态环境的表现是十分有效的，也是非常必要的，实践中我们常常在拍摄会场、庆典和事故等事件性新闻时，由远景、全景等大景别固定画面，交代事件发生的地点和环境。在影视中也常用固定画面来表现人物活动和情节发展的外部环境和生活场景，如图 4-3 所示。

图 4-3　影片《音乐之声》固定画面表现环境

（2）突出表现人物，表现"静"的心理。

对一些重要人物，用固定画面拍摄其静态，符合观众"盯看"和"凝视"的视觉要求。在对节目中陈述观点或接受采访的人进行拍摄时，通常也以拍摄角度适宜的小景别固定画面为主。这主要是因为在固定画面中静态的人物与画面框架、人物的陪体与背景三者之间是相对静止的、关系明确的,观众的视觉中心会比较顺畅地在静态的人物上停留足够的时间。在奥运会的颁奖仪式上,当获金牌的运动员站在领奖台上聆听本国国歌、注目本国国旗时,基本都以中、近景甚至是特写景别的固定画面来拍摄,以捕捉和表现运动员激动的神情、胜利的微笑或是喜悦的泪水等。

固定画面静的形式能够强化静的内容,给观众以深沉、宁静等画面感受,需要表现宁静、严肃和深沉等感情倾向和现场氛围时,常常以固定画面来构图和造型。比如,在拍摄图书馆时,为表现其特有的宁静,就可以用多个固定画面加以记录和反映,如同学们伏案读书的全景画面、多名同学凝神静思的脸部特写画面等。这种固定画面形式上的处理,是与画面内容和现场氛围相统一的,因而观众能够比较切实地通过画面获得现场情境中的心理感受。

(3) 表现运动速度和节奏。

运动画面中,由于摄像机追随运动主体进行拍摄,背景一闪而过,观众难以以一定的参照物来对比观看,因而也就对主体的运动速度及节奏变化缺乏较为准确的认识。在固定画面中,由于画外运动消失,运动主体与背景的画框构成了相互参照的运动关系,那么,静态的背景和画面框架就提供了客观反映运动主体的速度和节奏变化的最好参照系。

3. 固定画面拍摄方法

把拍好固定画面作为走进影视拍摄的第一步。在拍摄固定画面的过程中,要求摄像人员娴熟地运用摄像技巧和构图技法,有目的、有意识地进行视觉形象的概括,以及镜头内部的蒙太奇造型和构图的多信息、多含义的表现,从而增强对画面语言的理解力和表现力,加强画面造型的准确性、概括力和艺术表现力。此外,练好固定画面的摄像基本功,也将为运动摄像打下一个良好的基础。

拍摄固定画面时稳定很重要,固定方式将决定拍摄画面的质量,在拍摄前要架好三脚架,把摄像机固定在三脚架上,此时三脚架应无摇动、无不稳定现象,操作摄像机时机架不会因此而晃动。另外,为了使摄像机拍摄的画面不出现倾斜和不稳定情况,固定拍摄时,摄像机应牢固定位和保持水平位置;然后调整三角架的高低,改变摄像机的拍摄高度,以适应拍摄要求;固定好后,调整摄像机方向,再对着被摄对象就可以进行拍摄了。

有时受环境和条件的限制,在拍摄场地中无法使用三角架而只能使用肩扛式或手持方式作固定拍摄时,要防止身体部位的晃动,同时要注意保持摄像机机身的平稳。要知道固定方式拍摄的画面一旦出现晃动,将会比运动拍摄的画面更容易被肉眼所察觉。

4. 拍摄注意事项

因为固定画面视点单一,在一个镜头中构图变化少,难以对运动轨迹和运动范围较大的被摄主体进行表现,难以表现复杂、曲折的环境和空间,因此在拍摄时要注意以下事项。

(1) 注意捕捉动感因素。

在拍摄固定画面时应注意捕捉活动因素,尽可能地利用画面所能纳入的"活"的、"动"的因素让固定画面"活"起来。

(2) 力求画面平、稳。

水平和稳定是拍摄固定画面的基本要求,由于画面是静止的,所以即使有微小的抖动,也会被观众察觉到并产生视觉的不适。为了避免抖动和倾斜,多数情况下需借助三脚架来进行拍摄。

(3) 注意镜头内在的连贯性。

在拍摄时充分考虑到后期编辑的组接问题,拉开不同镜头的景别关系,比如全景固定画面组接近景固定画面、中景固定画面组接特写固定画面等,这样看起来就不会感觉到"跳"。可以从不同角度、不同景别来拍摄一些固定画面。

(4) 注意构图的艺术效果。

固定画面需要从视觉形象的塑造、光色影调的表现、主体陪体的提炼等多个层面上加强锻炼和创作,拍摄出构图精美、画面主体突出、画面信息凝练集中的优秀固定画面。

4.2 运动画面的拍摄

影视画面有内外运动两种形式,即画面内部的运动和画面外部的运动。摄像机的运动是影视画面外部运动的主要因素,它又可以划分为两类:一类是间接的摄像机运动,主要是指通过编辑完成的机位运动,比如画面从全景跳到近景,从画面所表现出来的视点前移和机位的向前运动是编辑的结果,而不是由摄像机来直接完成的,观众通过画面没有直接看到镜头的运动;另一类,则是与每个摄像人员关系非常密切的直接的摄像机运动,主要是摄像机通过自身机位的运动或光学镜头焦距的变化,使观众从影视画面中直接看到或感知到镜头的运动。如图 4-4 所示的拉镜头,使观众的视点随着镜头(画面框架)微微向后的运动而后移,镜头的运动是通过画面直接表现出来的,这是运动摄像的结果。

图 4-4 影片《乱世佳人》拉镜头运动画面

所谓运动摄像,就是在一个镜头中,通过移动摄像机机位、变动镜头光轴或者变化镜头焦距所进行的拍摄方式。通过这种拍摄方式所拍摄的画面称为运动画面。比如,由推摄、拉摄、摇摄、移摄、跟摄、升降拍摄和综合运动拍摄所形成的推镜头、拉镜头、摇镜头、移镜头、跟镜头、升降镜头和综合运动镜头等。

运动画面与固定画面相比,具有画面框架相对运动、观众视点不断变化等特点,它不仅通过连续的记录和动态表现,在影视屏幕上呈现了被摄主体的运动,通过摄像机的运动产生了多变的景别和角度、多变的空间和层次,形成了多变的画面构图和审美效果;而且,摄像机的运动使静止的物体和景物发生了运动和位置的变换,在屏幕上直接表现了人们生活中流动的视点,不仅赋予影视画面丰富多变的造型形式,也使其成为更加逼近生活、逼近真实的艺术。

4.2.1 推摄

推摄是摄像机向被摄主体的方向推进,或者变动镜头焦距,使画面框架由远而近向被摄主体不断接近的拍摄方法,如图 4-5 所示。用这种方式拍摄的运动画面称为推镜头,如图 4-6 所示。

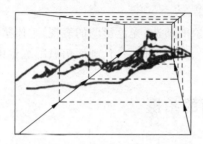

图 4-5　推镜头示意图(选自《电视摄影造型基础》)

图 4-6　推镜头影视画面

推镜头有两种类型:一是移动机位的推,如图 4-7 所示;二是变焦距推镜头,如图 4-8 所示。从画面变化的运动特点和形式上来看,变焦距推镜头与移动机位的推镜头有相似之处。第一,两种推镜头都引起了景别的系列变化,这种变化是连续的而不是跳跃的,是递进的而不是无序的。第二,被摄主体由于镜头的推由小到大表现出一种接近或远离的视觉效果。事实上,变焦距镜头在技术上和美学上有着自己丰富的内涵,与移动机位推镜头相比,有着不同的现实依据,呈现的是一种不同的画面造型效果。

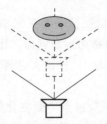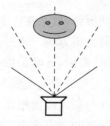

图 4-7　移动机位的推拉镜头示意图　　　图 4-8　变焦距推拉镜头示意图

视角方面:变焦距推镜头的视角发生变化,移动机位推镜头的视角没有变化。

视距方面:变焦距推镜头的视距没有变化,移动机位推镜头的视距发生变化。

景深与画面结构方面:变焦距推镜头由于焦距的变化,画面景深发生了变化;移动机位推镜头的焦距固定,景深没有明显变化。变焦距推镜头是通过视角的收缩达到画面景别的变化,其落幅画面仅是起幅画面中某个局部的放大,没有新的画面形象和内容;移动机位推镜头则是通过机位向前运动形成画面景别的变化,随着机位向前,视觉空间会出现新的形象和内容。

正确认识这两种镜头的异同和造型特点,有助于在影视摄像实践中对其正确地把握和运用。

1. 推镜头的特点

推镜头拍摄,无论是利用摄像机向前移动,还是利用变动焦距来完成,其画面都具有以下一些特征。

(1) 视觉前移效果。

推摄时由镜头向前推进的过程造成了画面框架向前运动。从画面看来,画面向被摄主体方向接近,画面表现的视点前移,形成了一种较大景别向较小景别连续递进的过程,具有大景别转换成小景别的各种特点。与固定画面不同,观众是能够从画面中直接看到这一景别变化的连续过程的。比如,推镜头中,一个人物从全景到面部的特写,可以在一个镜头里"一气呵成",而不必像固定画面中那样,由全景镜头跳接到一个特写镜头,如图 4-9 所示。

图 4-9　推镜头画面视觉前移效果

(2) 主体目标明确。

推镜头不论推速缓、急的变化和推得长、短等不同,总可以分为起幅、推进、落幅三个部分。推镜头画面向前运动,既非毫无目标的,也不是漫无边际的,而是具有明确的推进方向和终止目标,即最终所要强调和表现的被摄主体,由主体来决定镜头的推进方向和最后的落点。比如,拍摄摘取奥运会金牌的运动员时,从运动员胸佩金牌、手捧鲜花的全景镜头,一直推到运动员眼噙泪花、面露微笑的生动面部特写,开始的全景画面即为起幅,最后的特写画面即为落幅,在起幅和落幅之间连续的画面运动即为推进。

(3) 被摄主体由小变大,周围环境由大变小。

随着镜头向前推进,被摄主体在画面中由小变大,由不甚清晰到逐渐清晰,由所占画面比例较小到所占画面比例较大,甚至可以充满画面;与此同时,主体周围所处的环境由大变小,由所占较大的画面空间逐渐变成所占空间越来越小,甚至消失"出画",如图 4-10 所示。

图 4-10　推镜头主体变化镜头

2. 推镜头的作用

（1）突出主体人物，突出重点形象。

推镜头在将画面推向被摄主体的同时，取景范围由大到小，随着次要部分不断移出画面外，所要表现的主体部分逐渐"放大"并充满画面，因而具有突出主体人物、突出重点形象的作用，如图 4-11 所示。推镜头通过画面框架向被摄主体的接近，从两个方面规范了观众的视点和视线。一方面，推镜头的落幅画面最后使被摄主体处于画面中醒目的结构中心的位置，给人以鲜明强烈的视觉印象；另一方面，镜头向前运动的方向性有着"引导"，甚至是"强迫"观众注意被摄主体的作用。

图 4-11　影片《乱世佳人》推镜头突出主体人物画面

（2）突出细节，突出重要的情节因素。

推镜头能够从一个较大的画面范围和视域空间起动，逐渐向前接近这一画面和空间中的某个细节形象，这一细节形象的视觉信号由弱到强，并通过这种运动所带来的变化引导观众对这一细节的注意。在整个推进的过程中，观众能够看到起幅画面中的事物整体和落幅画面中的有关细节，并能够感知到细节与事物整体的联系和关系，这正弥补了单一的细节特写画面的不足。而且，许多事物的细节和某些情节因素因其形象本身的细小微弱和不甚明显，在大景别画面中观众一般不易看清它。推镜头将细节形象和特定的情节因素在整体中呈放大状地表现出来，具有重点交代和突出显现的效果。如图 4-12 所示，影片《乱世佳人》中，女主人公得知自己心爱的人要结婚时，采用推镜头表现细微的表情变化。

图 4-12　影片《乱世佳人》推镜头突出细节画面

（3）介绍整体与局部、客观环境与主体人物的关系。

在影视上经常看到一些推镜头从远景或全景景别起幅，首先展现在观众面前的形象是人、物所处的环境。随着镜头向前推进，环境空间逐步出画，人物形象越来越大，并成为画面中的主体形象。由于这种推镜头从环境出发，通过镜头运动进一步"深入"该环境中的人物，在一个镜头中，就能够既介绍了环境又表现了特定环境中的人物。由于推镜头本身的向前运动特点，画面从环境到人物、从群体到个体、从整体到局部，常常强调的是环境中的人物、群体中的个体及整体中的局部。如图 4-13 所示，教师给学生上课的镜头，逐渐推进到学生聚精会神听课的画面上。

图 4-13　影片《青春之歌》推镜头介绍整体与局部画面

（4）加强或减弱运动主体的动感。

当我们对迎着摄像机镜头方向而来的人物采用推摄时，画面框架与人物形成逆向运动，画面向着迎面而来的人物奔去，双向运动使得它们在中途就相遇了，其画面效果是明显加强了这个人物的动感，仿佛其运动速度加快了许多。反之，当对背向摄像机镜头远去的人物采用推摄时，由于画面框架随人物的运动一并向前，有类似跟镜头的效果，使向远方走去的人物在画面的位置基本不变，因而就减缓了这个人物远离的动感。

（5）推进速度影响画面节奏，产生外化的情绪力量。

推镜头使画面框架处于运动之中，直接形成了画面外部的运动节奏。如果推进的速度缓慢而平稳，能够表现出安宁、幽静、平和、神秘等氛围。如果推进的速度急剧而短促，则常显示出一种紧张和不安的气氛，或是激动、气愤等情绪。特别是急推时，被摄主体急剧变大，画面从稳定状态急剧变动继而突然停止，爆发力大，画面的视觉冲击力极强，有震惊和醒目的效果，具有一种揭示的力量。

对推镜头推进速度的不同控制，可以通过画面节奏和运动节奏，反映不同的情感因素和情绪力量，可以由画面框架和视觉形象快慢不同的运动变化，引发观众对应的心理感受和感情变化。

3．推镜头拍摄的注意事项

（1）应有明确的表现意义。

推镜头形成的镜头向前运动是对观众视觉空间的一种改变和调整。推镜头景别由大到小，对观众的视觉空间既是一种限制也是一种引导。这种造型形式本身就具有明显的表现性，因而推镜头应该通过画面的运动给观众某种启迪，或是引起观众对某个形象的注意，或是表现了某种意念，或是突出了未被人注意的某个细节，或是通过镜头的推进运动形成与内容情节发展相对应的节奏。具体到画面造型上表现为推镜头应有明确的推向目标和落幅形象。在推镜头的起幅、推进、落幅三个部分中，落幅画面是造型表现上的重点。

（2）注意落幅画面的构图。

推镜头的起幅和落幅都是静态结构，所以画面构图要规范、严谨、完整，特别是落幅画面应根据节目主题的需要停止在适当的景别上，并将被摄主体摆放在平面最佳结构点上。

（3）确保主体的中心位置。

拍摄推镜头时，先把主体移至画面中心再推上去，或者推进时当镜头推到落幅景别再移到主体处，这两种拍摄方法都没有在一个镜头中始终保持主体在画面结构中心的位置。正确的方法是，在画面起幅中心和落幅中心之间有条虚拟的直线，它是这个镜头推进过程的镜头中心的移动线。当镜头随着这条线边推边移动时，虚线框架主体在镜头推进过程中始终处于结构中心的位置。后期编辑时,无论镜头在推进的什么位置上剪断,屏幕上都是一幅结构完整、平衡的画面,这种推摄要求镜头在推进过程中,画面中心点要边推边向落幅中心点靠拢,始终保持主体在画面中的优势位置。

(4)注意推进速度。

一般来讲,画面情绪紧张时,推进速度应快一些;画内情绪平静时,推进速度应慢一些。另一方面在表现一些运动物体时,物体运动快,推进速度应快些;反之,推进速度应慢些。力求达到画面外部的运动与画面内部的运动相对应,实现一种完美的结合。

4.2.2 拉摄

拉摄是摄像机逐渐远离被摄主体,或变动镜头焦距(从长焦调至广角),使画面框架由近至远与主体拉开距离的拍摄方法,用这种方法拍摄的影视画面叫拉镜头,如图 4-14 所示。拉摄也有移动机位拉摄和变焦距拉摄两种类型。

图 4-14 拉镜头画面

1. 拉镜头的特点

不论是移动机位向后退的拉摄,还是调整变焦距镜头从长焦拉成广角的拉摄,其镜头运动方向都与推摄正好相反,所拍摄的画面具有如下特征。

(1)形成视觉后移效果。

在镜头向后运动或拉出的过程中,造成画面框架的向后运动,使画面从某一主体开始逐渐退向远方,画面表现出视点后移,呈现一种较小景别向较大景别连续渐变的过程,具有小景别转换成大景别的各种特点。

(2)使被摄主体由大变小,周围环境由小变大。

拉镜头可分为起幅、拉出、落幅三个部分。画面从某被摄主体开始,随着镜头向后拉开,被摄主体在画面中看起来由大变小,主体周围的环境则由小变大,随着拉出的过程,画面表现的空间逐渐展开,到最终的落幅中原主体形象逐渐远离,视觉信号减弱,如图 4-15 所示。

图 4-15 影片《乱世佳人》拉镜头景别变化画面

2．拉镜头的作用

（1）表现主体与所处环境的关系。

拉镜头使画面从某一被摄主体逐步拉开，展现出主体周围的环境或有代表性的环境特征物，最后在一个远远大于被摄主体的空间范围内停住。也就是说，在一个连贯的镜头中，既在起幅画面中表明了主体形象，又在落幅画面中表现了主体所处的环境或情境，如图 4-16所示。

图 4-16　影片《青春之歌》拉镜头表现主体与所处环境关系的画面

（2）构图的多结构变化。

由于拉镜头从起幅开始画面表现的范围不断拓展，新的视觉元素不断入画，原有的画面主体与不断入画的形象构成新的组合，产生新的联系，每一次形象组合都可能使镜头内部发生结构性的变化。它不像推镜头，被摄主体和画面结构一开始就在画面中间表现出来，观众对起幅中已出现的主体和结构关系早有思想准备。而拉镜头的画面随着镜头的拉开和每个富有意义的形象入画，促成观众随镜头的运动不断调整思路，去揣测画面构图中的变化所带来的新意义及所引发的新情节，这样逐次展开场面的拉镜头比推镜头更能抓住观众的视觉注意力。

（3）形成对比、反衬或比喻等效果。

拉镜头是一种纵向空间变化的画面形式，它可以通过镜头运动首先出现远处的人物或景物，随着画面的拉开再出现近处的人物或景物，然后使前景的人物、景物和背景的人物、景物同处于落幅画面之中，利用其间的相对性、相似性或相关性产生内容上的相互关联和结构上的前后呼应。

拉镜头利用纵向空间上的两个具有相关性的画面形象形成某种对比关系的表现方法，与摇镜头通过镜头摇动对横向空间上两个事物的对比表现有异曲同工之处。所不同的是，拉镜头侧重于纵深方向上两点形象的捕捉，而且能够在落幅中使其前后共存；摇镜头则适合于横向空间中两个主体的表现，但一般很难将这两个主体同时保留在落幅之中。

（4）想象和猜测整体形象。

随着镜头的拉开，被摄主体从不完整到完整，从局部到整体，给观众一种"原来是……"的求知后的满足。这种对观众想象的调动本身，形成了视觉注意力的起伏，能使观众对画面造型形象的认识不是被动的接受，而是主动的参与。

（5）保持时空的完整和连贯。

拉镜头的连续景别变化有连续后退式蒙太奇句子的作用，这与推镜头正好相反，是小景别向大景别的过渡，但它们在通过镜头运动而不是通过编辑来实现景别变化这一点上又是一致的。因此，拉镜头由于表现时空的完整和连贯，同样在画面表现上具有无可置疑的真实性和可信性。

拉镜头还常被用作结束性和结论性的镜头,随着镜头的拉开,原来的被摄主体逐渐远离和缩小,视觉信号逐渐减弱,节奏由紧到松,给人一种退出感和结束感。同时,拉镜头也经常作为转场镜头使用。

3. 拉镜头拍摄的注意事项

拉镜头的拍摄除镜头运动的方向与推镜头相反外,其他技术上应注意的问题与推镜头大致相同,二者有着基本一致的创作规律和一般要求。诸如:在镜头拉开的过程中应注意保持主体在画面结构中心的位置;对画面拉开后视域范围的控制;拉镜头速度的把握和节奏的控制等。因此,可以与前面有关推镜头的论述相互参照,这里就不再赘述了。

4.2.3 摇摄

摇摄是指摄像机机位不动,借助于三角架上的活动底盘或拍摄者自身做支点,变动摄像机光学镜头轴线的拍摄方法。用摇摄的方式拍摄的影视画面叫摇镜头,摇镜头拍摄也包括起幅、摇动、落幅三个过程,如图 4-17 所示。

起幅　　　　　　　　摇动　　　　　　　　落幅

图 4-17　摇镜头示意图

1. 摇镜头的类型与特点

摇镜头可以很好地表现空间的统一和交代空间内人与人、人与物之间的联系,它具有以下类型和表现功能。

(1) 按照摇摄的对象来分,有环境空间摇摄和人物摇摄。

(2) 按照摇镜头摇摄的速度可以分为快摇和缓摇。

快摇镜头:是摇镜的一个变种,常作为两个镜头之间的过渡。快摇时摄像机以极快的速度转动,中间拍下的影像模糊不清而只能看到起幅和落幅。快摇镜头能强调起幅、落幅画面间的内在关系,造成一种视觉上的冲击,有突然、意外和令人惊异的视觉效果,表达效果强烈。

缓摇镜头:是比较缓慢的摇镜头,当摇镜头所掠过的被摄物体具有某相似的性质时,可以产生积累与升华的情绪效果,它经常被用于描绘大场面的场景拍摄中。

(3) 按摇摄的方向分为横摇、垂直摇摄。

横摇:除了展示空间广度和规模之外,可以再现运动中的主体状态。模仿人的主观视线，如同在生活中人们原地跟踪观看的动作。

垂直摇摄：在画面造型上能表现出空间的高度和深度，与展示空间广度的横摇或横移运动相结合，是塑造银幕空间的典型手法，也适合表现人在垂直方向上的观察视线。

由拍摄者控制的摇摄方向、角度、速度等均会使摇镜头画面具有较强的强制性，特别是由于起幅和落幅画面停留的时间较长，而中间摇动中的画面停留时间相对较短，因此更能引起观众的关注。

2. 摇摄的作用

摇镜头用于合适的场景，能够表现所要展示的内涵，但如果用得不好，就达不到预设的效果。

（1）展示空间和扩大视野。

这种摇镜头多侧重于介绍环境、故事或事件发生地的地形地貌，展示更为开阔的视觉背景，它具有大景别的功能，又比固定画面的远景有更为开阔的视野，在表现群山、草原、沙漠、海洋等宽广深远的场景时有其独特的表现力量。

（2）揭示多个事物的内在联系。

生活中许多事物经过一定的组合都会建立某种特定的关系，如果将两个物体或事物分别安排在摇镜头的起幅和落幅中，通过镜头摇动将这两点连接起来，这两个物体或事物的关系就会被镜头运动造成的连接提示或暗示出来。

（3）表现运动主体的动态。

用长焦距镜头在远处追摇运动物体，能将被摄动体相对稳定地处理在画框内的某个位置上。如图 4-18 所示，影片《乱世佳人》中主人下楼梯的画面，采用摇跟镜头拍摄。

图 4-18　《乱世佳人》摇镜头表现运动主体动态的画面

（4）表现主观性镜头。

在镜头组接中，当前一个镜头表现的是一个人环视四周，下一个摇摄镜头所表现的空间就是前一个镜头里的人所看到的空间。

另外，利用摇镜头可以用来实现甩镜头，用来实现画面转场的效果，可以通过空间的转换、被摄主体的变换引导观众视线由一处转到另一处，完成观众注意力和兴趣点的转移。

3. 摇镜头拍摄的注意事项

首先，摇镜头要有明确的目的性。摇摄镜头容易让观众对后面摇进画面的新空间或新景物产生某种期待和注意，如果摇摄的画面没有什么给观众可看，或是后面的事物与前面的事物没有任何的联系，就不能用摇镜头。

其次，控制摇摄的速度。摇摄的时间不宜过长或过短，一般来说摇摄一组镜头 10 秒左右为宜,过短播放时画面看起来像在飞,过长看起来又会觉得拖泥带水。追随摇摄运动物体时,摇速要与画面内运动物体的位移相对应,拍摄时应尽力将被摄主体稳定地保持在画框内的某一点上。

第三,摇摄过程要平稳,进行摇摄时最好使用三脚架进行拍摄。摇摄的起幅和落幅一定要把握得恰到好处,技巧运用有分寸。摇摄过去就不要再摇摄回来,只能做一次左右或上下的摇摄。一般来讲,摇摄的全过程应当平、稳、准、匀,即画面运动平稳、起幅落幅准确、摇摄速度均匀。用远景或全景拍摄摇镜头时,如无特殊表现意图还要注意画面内地平线的水平。

4.2.4　移摄

移摄是将摄像机架在活动物体上随之运动而进行的拍摄方法。用移动摄像方法拍摄的影视画面称为移动镜头,简称移镜头,如图 4-19 所示。移动摄像根据摄像机移动的方向不同,大致分为前后移动(摄像机机位向前、向后运动)、左右移动(摄像机机位左右向运动)和曲线移动(摄像机随着复杂空间而作的曲线运动)等三类。

图 4-19　移镜头画面

1. 移镜头的特点

移动摄像是以人们的生活体验为基础的。在实际生活中,人们并不总是处于静止的状态中观看事物。有时人们把视线从某一对象移向另一对象;有时在行进中边走边看,或走近看、或退远看;有时坐在汽车上通过车窗向外眺望。移动摄像正是反映和还原了人们生活中的这些视觉感受。

第一,画面框架始终运动。画面内的物体不论是处于运动状态还是静止状态,都会呈现出位置不断移动的态势。

第二,调动观众生活中运动的视觉感受,唤起了人们行走时及在各种交通工具上的视觉体验,使观众产生一种身临其境的感觉。特别是当摄像机的运动用来描述一个人的主观视线,或者说摄像机所表现的视线就是节目中某人物的视线时,这种镜头运动就具有了强烈的主观色彩。

第三,移动镜头表现的画面空间是完整而连贯的。摄像机不停地运动,每时每刻都在改变观众的视点。在一个镜头中构成一种多景别、多构图的造型效果,这就起着一种与蒙太奇相似的作用,最后使镜头有了它自身的节奏。

2. 移动镜头的作用

(1) 充分拓展造型空间。

影视艺术是通过影视屏幕表现生活图景的,但是影视画面的表现范围却受到四边画框的严格限制,移动摄像使影视画面造型突破这种限制成为可能。

(2) 表现自然生动的真实感和现场感。

移动摄像使摄像机成了能动的、活跃的物体,机位的运动直接调动了人们在行进中或在运动物体上的视觉感受。有时摄像机所表现的视线是影视剧中某个人物的视线,观众以该剧人物的角度"目击"或"臆想"其他人物及场面的活动与发展,观众与剧中人的视线合一,从而产生与该剧中人物相似的主观感受。

(3) 表现大场面、大纵深、多景物、多层次的复杂场景时具有气势恢弘的造型效果。

摄像机可以在所能进入的空间里随意运动,并通过运动形成的多角度、多景别、多构图画面对一个空间进行立体的、多层次的表现;同时还可以有控制地逐一展现景物。有时只要稍稍改变一下摄像机的位置或角度就能形成一个全新的、引人注目的构图。比如,一些大型运动会的开幕式上,拍摄大型团体操表演时,摄像师常常会进入表演的行列中拍摄一些移动镜头,以表现团体操方阵内部的阵形变化和众多表演者的具体情况,有一种很强的动感和纵深感。

(4) 表现各种运动条件下的视觉效果。

随着影视技术的不断发展,影视摄录设备日益小型化、轻便化、一体化,移动摄像的形式也越来越丰富,移动摄像逐渐摆脱定点拍摄,向着多样化、多视点方向发展。各种形式的移动摄像使摄像机无所不在、无处不拍,极大地丰富了影视画面的造型形式和表现内容。

3. 移动镜头拍摄的注意事项

移动摄像主要分两种拍摄方式,一种是摄像机安放在各种活动的物体上;一种是摄像者肩扛摄像机,通过人体的运动进行拍摄。这两种拍摄形式都应力求画面平稳,保持画面的水平。

(1) 移动速度要慢。

移动拍摄应力求画面平稳,而平稳的重点在于保持画面的水平。无论镜头运动速度快或慢,角度方向如何变化,如非特殊的表现,地平线应基本处于水平状态。另外,如想让画面增添一些紧张的气氛,就可稍微加快移拍的速度,这样就能达到预期的效果。

(2) 注意起幅、落幅和焦点的调整。

移动摄像时,起幅引起画面的运动,落幅是观众视点的归宿。因此,拍摄时要使起幅、落幅画面有一定的时间长度。同时,将构图的重点置于落幅画面上。此外,移动摄像使摄像机与被摄主体之间的物距处在变化之中,拍摄时应注意随时调整焦点以保证被摄主体始终在景深范围之中,不出现虚焦现象。

(3) 尽量使用广角镜头。

广角镜头的特点是在运动过程中画面动感强并且平稳。实际拍摄时,在可能的情况下应尽量利用摄像机变焦距镜头中视角最广的那一端镜头,因为镜头视角越广,其特点体现得越明显,画面也容易保持稳定。

4.2.5　跟摄

跟摄是摄像机始终跟随运动的被摄主体一起运动而进行的拍摄,用这种方式拍摄的影视画面称跟镜头。

跟镜头的画面始终跟随着运动的主体,摄像机与被摄运动主体的运动速度是一致的。因此,运动主体在画面中处于一个相对稳定的位置上,只是背景和环境始终在变化。跟镜头分侧面跟、正面跟和后面跟,其不同的跟摄方向有着不同的表现力,正面跟镜头可以表现被摄主体的心态,特别是能突出表现被摄对象的面部表情。如图 4-20 和图 4-21 所示为影片《音乐之声》正面跟画面和侧面跟画面。

图 4-20　影片《音乐之声》正面跟画面　　　图 4-21　影片《音乐之声》侧面跟画面

1. 跟镜头的特点

(1) 被摄对象在画框中的位置相对稳定,画面对主体表现的景别也相对稳定,如是近景始终是近景,如是全景始终是全景。目的是通过稳定的景别形式,使观众与被摄主体的视点、视距相对稳定,对被摄主体的运动表现保持连贯,进而有利于展示主体在运动中的动态、动姿和动势。

(2) 画面始终跟随一个运动的主体,由于摄像机运动的速度与被摄对象的运动速度相一致,运动着的被摄对象在画框中处于一个相对稳定的位置上,而背景环境则始终处在变化中。

(3) 跟镜头不同于摄像机位置向前推进的推镜头,也不同于摄像机位置向前运动的前移动镜头。跟镜头、推镜头、前移动镜头这三者虽然从拍摄形式上看都有摄像机追随被摄主体向前运动这一特点,但从镜头所表现出的画面造型上看却有着明显的差异,并由此形成各自的表现特点。

摄像机机位向前推进的推镜头,画面中有一个明确的主体,随着摄像机的运动,镜头向主体接近,主体形象有由小到大的进程。镜头最终以这个主体为落幅画面的结构中心,并停止在这个主体上。

摄像机机位向前运动的前移动镜头,画面中并没有一个具体的主体,而是随着摄像机向前运动,表现了镜头从开始到结束时整个空间或整个群体形象。

跟镜头画面中始终有一个具体的运动主体,摄像机跟随着这个主体一起移动,并根据主体的运动速度来决定跟镜头的运动速度,一般情况下主体在镜头的开始至结束均呈现相对稳定的景别。如图 4-22 所示为影片《音乐之声》中一组前跟镜头。

2. 跟摄镜头的作用

(1) 引出被摄对象所处的环境。

跟镜头的摄像机运动是以运动的被摄对象为契机和依据的,人物的运动"带"着摄像机

图 4-22　影片《音乐之声》明确运动主体跟画面

运动,摄像机随着人物将其走过的环境逐一连贯地表现出来。

(2) 拍摄动态物体的运动。

跟镜头能够连续而详尽地表现运动中的被摄主体,它既能突出主体,又能交代主体的运动方向、速度、体态及其与环境的关系。它用画框始终"套"住运动着的被摄对象,将被摄对象相对稳定在画面的某个位置上,使观众与被摄对象之间的视点相对稳定,形成一种对动态人物或物体的静态表现方式,使物体的运动连贯而清晰,有利于展示人物在动态中的神态变化和性格特点。

(3) 营造主观视角、具有纪实性。

在新闻片中,常见到摄像机镜头跟随记者、新闻人物或节目主持人走向新闻现场,走向被采访对象,走向被介绍物体,将观众的视线"带"进新闻现场,"带"到被采访对象或被介绍物体的跟前,具有很强的纪实性。

(4) 增加参与感。

从人物背后跟随拍摄的跟镜头,由于观众与被摄人物视点的同一性,使镜头表现的视向正是被摄人物的视向,画面表现的空间也就是被摄人物看到的视觉空间,将观众的视点调度到画面内跟着被摄人物走来走去,从而表现出一种强烈的现场感和参与感。

3. 跟摄注意事项

在跟摄时跟上、追准被摄对象是跟镜头拍摄的基本要求。无论对于运动速度多么快、多么复杂的人物或物体都应力求将其稳定在画面的某个位置上。

跟随被摄主体拍摄时,要跟准。为了保证被摄主体在画面中的景别与画框的相对位置保持不变,摄像机的运动方向和运动速度要与被摄主体的运动速度和方向相一致。

不管画面中人物运动如何上下起伏、跳跃变化,跟镜头画面应是或平行或垂直的直线性运动。因为镜头大幅度和次数过频的上下跳动极容易使观众产生视觉疲劳,而画面的平稳运动是保证观众稳定观看的先决条件。

另外,跟镜头是通过机位运动完成的拍摄方式,镜头运动所带来的一系列拍摄上的问题,如焦点的变化、拍摄角度的变化和光线入射角的变化,也是跟镜头拍摄时应考虑和注意的问题。

4.2.6　升降拍摄

摄像机借助升降装置一边升降一边拍摄的方式叫升降拍摄,用这种方法拍摄的影视画面叫升降镜头,如图 4-23 所示。升降镜头的造型效果是极富视觉冲击力的,甚至能给观众以新奇、独特的感受。

图 4-23　升降拍摄示意图

1．升降镜头的特点

（1）升降镜头视点的连续变化形成了多角度、多方位的多构图效果。在一个镜头中随着摄像机的高度变化和视点的转换，给观众以丰富多样的视觉感受，可以通过造型上的变化传达出情绪的波动和情感的变化。

（2）升降镜头的升降运动带来了画面视域的扩展和收缩，当摄像机的机位升高之后，视野向纵深逐渐展开，还能够越过某些景物的屏蔽，展现出由近及远的大范围场面。

2．升降镜头的作用

（1）升降镜头常用于表现高大物体的各个局部，可以在一个镜头中用固定的焦距和固定的景别对各个局部进行准确的再现。如拍摄悬挂起来的巨型竖幅标语，用升降镜头拍摄时，画面中的字从头至尾基本一样大。

（2）升降镜头常用于表现纵深空间中的点面关系，在升高时视野的扩大可以表现出某点在某面中的位置；同样，视点的降低和视野的缩小能够反映出某面中某点的情况。

（3）升降镜头常用来展示事件或场面的规模、气势和氛围。升降镜头能够强化画内空间的视觉深度感，引发高度感和气势感。

3．拍摄注意事项

升降镜头所带来的视觉感受比较特别，容易令观众感到节目摄制者的主观创作意图，产生一种对画面造型效果的"距离感"，因此，对升降镜头应当慎用，特别是拍摄新闻纪实类节目时尤其需要慎重考虑，否则，画面造型的表现性可能会影响节目内容的真实感和客观性。

4．2．7　综合运动摄像

综合运动摄像是指摄像机在一个镜头中把推、拉、摇、移、跟和升降等各种运动摄像方式不同程度地、有机地结合起来的拍摄，用这种方式拍摄的影视画面叫综合运动镜头。

1．综合运动镜头的特点

综合运动摄像呈现出多种形式，可以把它们大致分为三种情况：第一种是先后方式，诸如推摇镜头（先推后摇）、拉摇镜头（先拉后摇）等；第二种是包容方式，即多种运动摄像方式同时进行，比如移中带推、边移边摇等；第三种是前两种情况的混合运用。

第一，综合运动镜头的镜头综合运动产生了更为复杂多变的画面造型效果。综合运动镜头中的各种运动摄像方式不论是先后出现还是同时进行，都在一个影视镜头中形成了多景别、多角度的多构图画面和多视点效果。

第二，由镜头的综合运动所形成的影视画面，其运动轨迹是多方向、多方式运动合一后的结果。综合运动镜头在影视屏幕上为人们展示了一种全新的视觉效果，而人眼在现实生活中一般而言很难产生这种对应的视觉体验。因此，它开拓了再现生活、表现生活及观察和认识自然景物的新的造型形式。

2. 综合运动镜头的作用

（1）记录和表现相对完整的故事情节。

不管是先后出现还是同时进行，综合运动镜头在一个镜头中存在两个以上的运动方向，都比单一运动方式呈现出较为复杂多变的画面造型效果；另一方面，由于综合运动镜头把各种运动摄像方式有机地统一起来，在一个镜头中形成连续性的变化，可给人以一气呵成的感觉。

（2）塑造影视画面造型形式美。

从造型上讲，综合运动镜头构成了对被摄对象的多层次、多方位、立体化的表现，形成了流动而又富有变化的、其本身就具有韵律和节奏的表现形式。综合运动镜头的运动转换更为流畅、圆滑，画面视点的转换更为顺畅、自然，每一次转变都使画面形成一个新的角度或新的景别。这种运动表现使得画面中仿佛流动着一种富有意蕴的旋律，从而引发观众的视觉注意和审美感受。

（3）连续动态再现现实生活。

尽管在一个综合运动镜头中景别、角度和画面节奏等因素不断变化，但画面在对时间和空间的表现上并没有中断，镜头的时空表现是连贯而完整的。它使画面空间在一个完整的时间段落上展开，在纪实性节目中保证了事件的进程受到尊重。它不是经过镜头剪辑，而是通过镜头运动再现了现实时空的自然流程，因而更有真实感。

3. 综合运动镜头拍摄要求

综合运动镜头的拍摄是一种比较复杂的拍摄，由于镜头内变化的因素较多，需要考虑和注意的地方也较多，归纳起来要注意以下问题：

第一，除特殊情绪对画面的特殊要求外，镜头的运动应力求保持平稳。画面大幅度的倾斜摆动，会产生一种不安和眩晕，破坏观众的观赏心境。

第二，镜头运动的每次转换应力求与人物动作和方向转换一致，与情节中心和情绪发展的转换相一致，形成画面外部的变化与画面内部变化的完美结合。

第三，机位运动时注意焦点的变化，始终将主体形象处理在景深范围之内。同时，应注意拍摄角度的变化对造型的影响，并尽可能防止拍摄者的影子进入画面出现穿帮现象。

4.2.8 其他镜头

在数字摄像和影视编辑中，有时由于表现主题内容和场面调度的需要，有些画面和镜头不同于常规的拍摄。比如空镜头、慢镜头、快镜头与长镜头等,它们分别有各自的特点和作用。

1. 空镜头

空镜头是指影视画面中不出现人物的镜头,主要是对自然景物或场面的描写,如只有高山、流云、海浪、湖水和青松等。空镜头常用以介绍环境背景、交代时间空间、推进故事情节、抒发人物情绪、表达作者态度,具有说明、暗示、隐喻、象征等功能,在影片中能够产生借物喻情、见景生情、情景交融、烘托气氛、渲染意境及引起联想等艺术效果,并参与银幕的时空转换和调节影片节奏。空镜头的运用,不只是单纯描写景物,而成为影片创作者将抒情手法与叙事手法相结合,加强影片艺术表现力的重要手段。

(1) 交代环境背景。

如影片《音乐之声》开场的空镜头呈现奥地利的山河美景,阿尔卑斯山上的皑皑白雪,安静小镇的绿树和宽阔的庭院等,交代故事发生的环境背景。又如影片《乱世佳人》开场长达400 余秒的空镜头序片,如图 4-24 所示,低角度夕阳,橡树映前,铺红后景,无伴奏男声吟诗般音乐,从而交代了故事发生的环境背景等。

图 4-24　影片《乱世佳人》开场空镜头

(2) 参与时空转换。

电影《蝴蝶梦》的开头部分,用了两个空镜头进行时空转换,由曼德利转为法国南部海岸,如图 4-25 所示。第一个空镜头是曼德利的景色,寂静的夜晚,月亮、天空、行云,被烧过的曼德利残状,长时间的空镜头伴随着画外音。画外音结束后,转换为第二个空镜头是法国南部的海滨,海水冲击着岩石,浪涛呼啸,浪花飞溅,接下来是陡峭悬崖。

图 4-25　影片《蝴蝶梦》参与时空转换画面

(3) 表达意境。

在电影《上甘岭》中,随着卫生员王兰"一条大河波浪宽"的歌声,画面上出现了一系列镜头:滔滔的春水,飞泻的瀑布,碧波荡漾的水库,如图 4-26 所示。这些画面与炮火连天的战场形成了对比,为影片增加了浓郁的诗情画意。

图 4-26　影片《上甘岭》表达意境画面

（4）表现哲理。

如影片《天云山传奇》中,主人公离开人世时,画面中接连用了八个空镜头:①燃尽的蜡烛;②主人公生前用过的破羊皮背心;③咸菜、案板和刀;④缀有补丁的旧窗帘;⑤生前走过的路;⑥小桥、河边;⑦水磨坊边的石板路;⑧雪地上的脚印、车辙。这八个空镜头意蕴深远,颇具匠心,给观众留下无尽的思索。空镜头①象征辛劳一生的人民教师;②、④说明主人勤俭节约的优良品德;③象征一个女人对丈夫、女儿、家庭那无穷无尽的爱;⑤、⑥、⑦、⑧象征一个知识分子在特殊年代所经历的坎坷人生路。

2. 慢镜头和快镜头

正常情况下,摄像机按每秒记录 25 幅画面,播放时也是每秒 25 幅,这时银幕上出现的是正常播放速度。在拍摄时,改变镜头的运转速度,对拍摄对象进行高速拍摄,即以每秒 50、75 或 100 幅画面的速度运转,比正常快了 2、3、4 倍,播放时仍以每秒 25 幅画面播放,这样主体的动作就会变慢,这就叫"慢镜头"。当拍摄频率减慢,小于 25 幅/秒,播放时,银幕上就出现了快动作,又叫"快镜头"。

慢镜头实质上是延长现实中的时间、延长实际运动过程,被认为是时间上的"特写"、"放大",与叙事铺垫结合在一起。慢镜头作为影视艺术独特的表达手法,具有独特的视觉效果,可以起到表达最强烈的情感、赋予动作美感、创造抒情的慢节奏、强调关键的动作等作用。

慢镜头可以强调某一突出的细节、关键动作和具有重要意义的事物,引起观众的联想。在很多情况下,单一画面本身的感染力可能差强人意,慢动作的加入会放大画面细部或重点表现,容易激发人们的关注与联想。

慢镜头赋予动作美感,创造意境。慢动作可以造成动作形象的失重感,从而使现实中的动作具有飘逸感,具有"超现实的效果"。如体操、跳水、游泳、短跑等项目比赛之后都会有慢动作的回放,充分让观众享受运动的动作之美。

慢镜头塑造缥缈虚幻的梦境或幻觉,如电视剧《红楼梦》中第六集《贾宝玉梦游太虚幻境》用慢镜头延长贾宝玉倒下的过程,慢镜头描绘动作的失重感强调梦境和现实动作的不同,从而造成虚幻的缥缈感。

3. 长镜头和短镜头

在影视作品中每一个镜头都有时间长短的差别,这种时间长短差别的镜头分别称为长镜头和短镜头。长镜头是指在一个连续的时空里,对一个运动画面较长时间的连续不间断地表现的镜头,或者是一个不间断连续拍摄的完整事件的镜头,而短镜头是指时间相对短小的镜头。从表意上看，长镜头是相对于短镜头，用来描述在单个镜头内实现多个表意，提供丰富内容的镜头。长镜头在同一银幕画面内保持了空间、时间的连续性、统一性，能给人一种亲切感和真实感。长镜头的运用主要取决于影视镜头所要表现的内容和信息量的需要。如图 4-27 所示为影片《乱世佳人》开场不久的长镜头：落日的余晖下，主人公与父亲站在一棵大树旁，远望山川田野，意味深长的谈话凸显了人间的真情，同时也吐露了南方逝去的一种文明的精神——对土地的眷恋。

图 4-27　影片《乱世佳人》长镜头画面

　　影视作品中长镜头和短镜头是两种作用截然不同的镜头，二者的主要区别在于持续时间的长短。摄像机从开机到关机之间的时间长短决定了镜头的长短，即长镜头经常是持续时间比较长，而短镜头反之。

　　长镜头大多应用在纪实性的影视作品当中，因为长镜头不间断地记录一件事情，让观众感受到真实的过程，而短镜头由于持续时间短，编创人员有可能把没有关系的镜头接在一起从而产生新的意义，因此短镜头适合于故事片中叙事蒙太奇的创作。

　　长镜头表现的空间是实际存在着的真实空间，在镜头的运动中实现空间的自然转换，实现局部与整体的联系，排除了蒙太奇镜头剪接拼凑新空间的可能性。同时，长镜头能够表现连续发展的完整事件，还具有时间、空间、过程、气氛和事实等方面不容置疑的真实性。长镜头在展现宏伟场面、广阔环境等方面，有着蒙太奇所达不到的效果。如影片《战争与和平》就是一部有浓郁的长镜头风格的影片，在宫廷和贵族舞会、战役、莫斯科大火、拿破仑败北等场面几乎都是用长镜头，表现了豪华的场面、雄伟的战场、广阔的环境等，如图 4-28 所示为从空中俯拍法军在几十里长的冰天雪地狼狈溃逃的长镜头。

　　根据摄像机的运动情况，长镜头可以分为固定长镜头、景深长镜头和综合运动长镜头。

　　固定长镜头是指摄像机机位固定不动，连续拍摄一个场面所形成的镜头。最早的电影拍摄方法就是用固定长镜头来记录现实或舞台演出过程的。比如，卢米埃尔 1897 年初发行的 358 部影片，几乎都是一个镜头拍完的。

　　景深长镜头是指用拍摄大景深的技术手段拍摄，使处在纵深处不同位置上的景物都能看清。例如，拍摄火车呼啸而来，用大景深镜头，可以使火车出现在远处（相当于远景）、逐渐驶近（相当于全景、中景、近景、特写）都能看清。一个景深长镜头实际上相当于一组远景、全

图 4-28　影片《战争与和平》冰天雪地的长镜头画面

景、中景、近景、特写镜头组合起来,相对完整地记录纵向空间方向上的情节和事件。

运动长镜头是指用摄像机的推、拉、摇、移、跟等运动拍摄的方法形成多主体、多景别、多视角和多动作的镜头。运动长镜头可以连续地、动态地、全方位地扩展造型空间。

4.3　延时摄像

延时摄像是采用照相机或摄像机以较低的帧率拍摄的图像或者视频,用正常或者较快的速率播放画面的摄影摄像技术。在一段延时摄像视频中,物体或者景物缓慢变化的过程被压缩到一个较短的时间内,呈现出平时用肉眼无法察觉的奇异精彩景象。延时摄影通常应用在拍摄城市风光、天文现象、自然风景、生物演变等题材上,如图 4-29 所示。实际上,用相机拍摄延时摄影的过程类似于制作定格动画,把单个静止的图片串联起来,得到一个动态的视频。

图 4-29　延时摄像连续画面

1. 被摄景物的特点

适合延时拍摄的被摄物应有以下特点:被摄物形态、内容有明显变化(比如花开花落);被摄物光线效果、阴影有明显变化;被摄物色彩、色温和亮度有明显变化。

2. 延时摄像设备

延时摄像设备主要包括具有延时拍摄功能的、低噪全高清数字摄像机或者数码照相机,三脚架、备用电池、备用磁带或者存储卡、手表、延时设定电子设备等。

3. 延时摄像技巧

使用摄像机菜单里的延时拍摄功能,用没有延时拍摄功能的摄像机也可以实现延时拍摄的效果,即按正常设定拍摄,后期制作时进行抽帧,就可以达到延时拍摄的效果。使用数码照相机短片功能,比如佳能 5D Ⅱ 及更高型号的相机就有延时拍摄功能;也可以使用数码照相机拍摄图片,通过软件合成短片。照相机每隔一定时间(比如 10 秒、30 秒到几分钟几小时不等)拍摄数字照片,最后在后期编辑软件中作为单帧画面进行合成,达到延时拍摄的效果。如果用每隔一定时间拍摄照片,最好运用照相机延时控制器,设定好延时拍摄间隔时间,相机就会自动进行拍摄。

4. 时间间隔设定

确定延时拍摄的时间间隔直接影响到最终的拍摄效果。在拍摄时要明确最终需要达到的画面速度、镜头的长度和拍摄时间跨度等三个因素,才能决定延时拍摄的时间间隔。云的流动、太阳的影子、街上的行人、夜晚的车流等可以帮助找到适应不同效果的时间间隔设置。在一般情况下拍摄延时摄像的时间间隔:大风天快速移动的云层 1～2 秒、慢速的云 5～10 秒、太阳在地面上移动的影子 10～20 秒、太阳在晴朗天空的轨迹 20～30 秒、城市的人群 1～2 秒、日落时对太阳的特写 1～2 秒、星星在天空中运行的状态 10～60 秒、植物生长的状态 5～40 分钟。所以,摄像人员要根据具体环境和主题表达的需要来设定时间间隔。

5. 拍摄注意事项

首先,准备充分。准备充足的备用电池、储存卡,延时拍摄一般要工作几个小时甚至几十个小时,所以一定要根据所需素材的时长准备充足的附件,条件允许最好接通交流电进行拍摄。

其次,保持画面稳定和清晰。稳定压倒一切,一定要将摄像机或照相机牢牢固定在坚固的三脚架上,避免刮风等原因造成摄像机或照相机的晃动导致拍摄失败。同时,避免不必要的杂物进入画面,如在马路上拍摄,为避免行人进入画面,一定要将摄像机或照相机架在远离人行道的地方,保持画面的清洁。

最后,注意对机器的保护。因为延时摄像耗费的时间比较长,为了保护摄像机或照相机的安全,避免自然、人为等因素的破坏,延时拍摄时一定注意看管好摄像机,同时避免低温和暴晒而损坏摄像机或照相机。

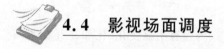

4.4 影视场面调度

无论是摄像人员自己拍摄的作品,还是影视屏幕上看到的影视作品,都会有摄像机的运动或被摄对象的运动,或者二者兼有的运动。影视作品中,演员的出场及运动路线、摄像机的位置角度都要事先经过周密的部署。这一部署主要通过控制两个基本因素得以实现:一是摄像机镜头的运动,包括焦距变化或机位、镜头光轴的变化;二是画面的内部运动,即被摄对象的运动。在多数情况下,镜头和镜头内的被摄对象都将是运动的,这种在拍摄中对表现对象运动和镜头运动的部署或控制即为场面调度。

作为一名影视画面拍摄的专业人员,摄像师应该运用所掌握的一切造型表现技巧,积极恰当地进行场面调度,将其作为反映现实生活、完善画面造型、突出主题思想的一个强有力的手段。

4.4.1 场面调度概述

1. 场面调度的含义

场面调度原意是"摆在适当的位置"或"放在场景中"。场面调度用于舞台剧中,有"人在舞台上的位置"之意,指导演依照剧本的情节和剧中人物的性格、情绪,对场景中演员的行动路线、站位、姿态手势、上场下场等表演活动所进行的艺术处理。比如,演员是站在舞台中央,还是走到前台边缘,是站着表演,还是坐着表演,等等,这些舞台表演动作的总和即为戏剧艺术中的场面调度。

数字摄像在造型表现上的功能和作用,要借助于摄像人员对表现手段的合理而充分地运用,这样才能在画面中把被摄对象表现得简洁明快而又鲜明突出,也才有可能把主题思想和创作意图加以可视化的表现和延伸。

影视场面调度是摄像机调度与演员调度的有机结合,都以剧情发展、人物性格和人物关系所决定的演员行为逻辑为依据。两种调度的结合,通常有重复调度、纵深调度、对比调度和象征调度四种类型。

(1)重复调度。在同一部影片中,相同或近似的演员调度或摄像机调度重复出现,会引起观众的联想,领会其内在的联系,增强感染力。

(2)纵深调度,即在多层次的空间中配合演员位置的变化,充分运用摄像机的多种运动形式进行调度,并利用透视关系使人和景的形态获得较强的造型表现,加强三维空间感。例如,跟拍一个演员从某个房间走到远处的另外一个房间。

(3)对比调度。如调度上的动与静、快与慢,再配以音响的强弱、光影的明暗则会使气氛更为强烈。场面调度与蒙太奇并不相悖,这两种特殊的表现手段如果能够有效地结合运用,影视作品会具有更强的感染力和说服力。

(4)象征调度。导演运用象征性场面调度,主要是为了把自己对生活的哲理表现为一个具体的形象,或者隐藏在形象的后面,让观众去思考、体会和联想。

2. 场面调度的特点

场面调度可以按照摄制人员的意图,调动有利于内容和主题表现的各种积极因素,简练而突出地表现出人物和事件相互联系的时间和空间,创造典型化、富有概括力和表现力的视觉形象,并且使画面表现形式更加真实自然、富有创意,从而活跃并推动观众的联想和想象,满足观众的审美享受和欣赏要求。场面调度具有以下特点。

(1)引导观众从不同角度、不同距离和不同视野去观看画面中的形象和内容。场面调度将凭借摄像机镜头的运动变化而改变画面框架中被摄对象的大小、方位、面积及角度等,这实质上也就改变了观众的固定视点。

（2）丰富演员调度内容，增加镜头调度。变焦距镜头和运动摄像方式的普遍使用，各种升降、遥控等辅助拍摄装置的日益成熟，使得场面调度呈现出令人眼花缭乱的局面，具有舞台调度难以比拟的复杂性、多变性。

（3）具有强制性。场面调度必须以镜头画面作为基本表意工具，摄像师在镜头中选择什么景别，观众就只能收看到什么画面，比如拍摄了演讲者的面部、特写，你就无法从画面中看到其手部动作。摄像师拍什么，观众才能看什么；摄像师怎样去拍，观众也就只能看到怎样的画面形象，观众的选择自由实质上已被场面调度所取代。

4.4.2　场面调度的内容

影视场面调度包括演员调度和镜头调度两个层面的内容。在演员调度中，通过演员的位置安排、运动设计、相互交流时的动态与静态的变化等实现不同的画面造型。镜头调度是指摄像师运用不同的拍摄方向如正、侧、斜侧、后侧等，不同的拍摄角度如平、斜、俯、仰等，不同的拍摄景别如远、全、中、近、特等，不同的镜头运动如推、拉、摇、移、跟、升、降等，获得不同视角、不同视距、不同视域的画面，表现所拍的内容和主题。影视的场面调度以镜头调度为基础，结合特定范围内的演员调度，使得摄像机和被摄对象同时处于运动状态，使得被拍摄的时、空客体得以连续不间断地表现。

1. 演员调度

对画面内被摄对象的调度往往成为需要投入精力的一个环节，演员调度的具体内容如下。

（1）出场调度

演员的每次出场都应该是有意义的，初次出场是建立和观众关系的关键一步。如同第一印象，一脸正气还是其他印象出现，出现在一个阳光灿烂的地方，还是出现在阴森恐怖的环境，都有其中的深意，都对刻画人物有着关键的作用。

（2）关系调度

作品中的演员往往不止一个，有多个演员出现时就需要精心的调度设计，以使得主次分明而又能恰当地体现人物之间的关系。这种情况涉及多个演员的行动路线，在处理影视画面构图时，比如常说的平衡画面因新的对象出现转成非平衡画面，稳定的正三角构图转成非稳定的倒三角构图等，这些调度都是暗示人物关系非常重要的一环。

（3）行动空间及路线调度

演员从哪里来，到哪里去，中途有什么行为动作，在哪里停下，最后以怎样的方式从画面中离开，这些在影片中都需要精心地安排。因为对这些因素的调度直接表现演员的动作行为、思想情绪等。同时，关系到构图造型及光影的处理。对人物行动路线的安排应该是有意义的，不是无目的的走动或停顿，而是有其内在的逻辑性和目的性。

2. 镜头调度

镜头调度首先确定拍摄机位，包括拍摄角度、景别和视点等方面。拍摄机位需要与剧中演员的运动轨迹密切配合，寻求最佳的表现演员行为、情绪、环境氛围及空间特征的拍摄方位。而在有较多人物的情况下必须将视点放在主体对象上。

　　其次选择合适焦距,广角和长焦的表现力是明显不同的。广角适合表现大环境、大场景,介绍空间关系;而长焦则可借助它在景深上的特点而突出主体或者强化画面物体之间的距离关系。

　　镜头调度在增强画面的概括力和艺术表现力、创造特定的情境和艺术效果、表现被摄人物活动的情景和局部细节、形成人物活动及事件过程的完整印象以及在画面的节奏变化等方面具有明显的表现力。

4.4.3　场面调度中的轴线原理

1. 轴线原理的含义

　　影视屏幕上人物关系和运动方向的表现与轴线有关。所谓轴线即是在物体运动的方向上或者人物关系中一条假想的连线(见图 4-30),它影响到运动的方向和人物关系的表现,它包括关系轴线、视线方向轴线和运动轴线三种。

　　关系轴线是人与人或人与物或物与物之间的一条假想的连接线,视线方向轴线是人或动物的眼睛的视线方向线,运动轴线是人物运动的轨迹线。

　　为保证被摄对象在影视画面空间中的位置和方向的统一,摄像师必须始终将摄像机安排在轴线同一侧的(180°内)区域内进行机位和角度等的调整。在轴线同侧拍摄的镜头相组接,镜头中物体的运动和人物关系能够保持上下一致,而从轴线两侧分别拍摄同一方向物体或者多个人物的关系,即越轴拍摄,将越轴所拍的镜头进行组接,屏幕上就会出现完全相反的运动和人物关系方位,在剪辑中会导致方位错乱,视觉跳跃。

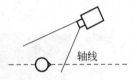

图 4-30　轴线示意图

　　如图 4-31 所示,拍摄时 1 号与 2 号机位互为越轴机位。组接后,第一个画面是汽车往右开,紧接着的第二个画面是这辆车又往左开,使观众不明白这辆车究竟往哪开,这就是由于越轴拍摄和越轴剪辑造成的。

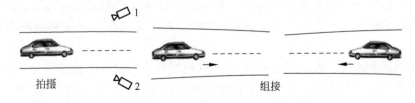

图 4-31　两机位互为越轴机位

　　在轴线一侧所进行的镜头调度,能够保证前后联系的镜头之间在组接时,画面中人物视线、被摄对象运动方向及空间位置上保持统一。这是影视画面造型中正确表达被摄对象在空间中的位置关系和物体方向性的基本要求,即镜头调度中方向性的把握。遵守轴线规则进行镜头调度,能够保证画面间方向上的一致性。否则,画面中被摄对象之间的方位关系就会发生混乱,画面内容和主题的传达就会受到干扰。

2. 轴线三角形原理

遵循轴线规则拍摄时,机位调度有内反拍角度和外反拍角度两种方式。内反拍角度和外反拍角度是拍摄两个人物画面时所使用的最常见的拍摄调度方法。外反拍角度是在轴线一侧两个相对的拍摄角度各拍摄一个人物,而内反拍角度是在轴线一侧两个相背的拍摄角度各拍摄一个人物。摄像机在被摄对象的轴线一侧拍摄二人全景和各自正反打镜头的三个机位连接,可构成一个三角形,即轴线三角形,对于一条关系轴线来说,可以有两个机位三角形。

（1）外反拍三角形布局

位于三角形底边上的两个机位分别处于被摄对象的背后,靠近关系轴线向内拍摄时,形

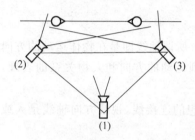

图 4-32　外反拍三角形示意图

成外反拍三角形布局,如图 4-32 所示。从外反拍三角形布局拍摄的画面来看,两个人物都出现在画面中,一正一背,一远一近,互为前景和背景,人物有明显的交流关系,画面有明显的透视效果。从戏剧效果上来讲,两个被摄人物一个面向镜头,也就是面向观众,另一个背向镜头,也就是背向观众,这样的格局有利于突出正面形象的人物。如图 4-33 所示为影片《音乐之声》中两个主人公交流时拍摄的外反拍三角形画面。

图 4-33　影片《音乐之声》外反拍三角形画面

外反拍角度是拍摄中的客观角度,是代表摄像师进行客观表达的视角,也是作为旁观者的观察角度。在外反拍角度拍摄的画面中,画面内容通常是向观众表现场景中人物的相互交流情况,因此,有很强的客观性。在一些新闻类节目和专题类节目进行采访画面的拍摄中,通常使用这样的镜头来进行镜头调度,以便向观众交代客观环境和被摄对象的客观状况。

外反拍角度画面可以拍成近景画面,也可以根据要求拍摄成中景甚至全景画面。但是全景画面可能会与总角度画面在景别上过分相近,而导致剪接到一起的时候会产生画面跳动的感觉,因此一定要谨慎使用。

（2）内反拍三角形布局

位于三角形底边上的两个机位分别处于两个被摄人物之间,靠近关系轴线向外拍时,形成内反拍三角形布局,如图 4-34 所示。

从内反拍三角形布局拍摄的画面来看,两个人物分别出现在画面中,视线方向各自朝向画面的一侧。每个画面

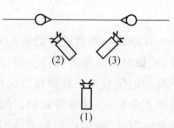

图 4-34　内反拍三角形示意图

中只出现一个人物,能够起到突出的作用,引导观众视线,用以表现单人形态和对白等。而如果将内反拍三角形顶角机位设置在关系轴线上,也就是三角形底边与关系轴线平行时,两台摄像机相背设立,画面中的人物形象相当于另一个人物主观观察的视角,这叫做主观拍摄角度,用于模拟影片中人物的主观视觉感觉。如图 4-35 所示为影片《音乐之声》中内反拍三角形画面。

图 4-35 影片《音乐之声》内反拍三角形画面

内反拍角度是拍摄中的主观角度,是代表画面中主体的观察方向和视觉感觉的角度。在内反拍角度拍摄的画面中,画面内容相当于场景中的人物观察对方的视觉形象,因此有很强的主观性。并且,在将两个内反拍角度拍摄的画面组接时,画面中两个人物的视觉方向是相对应的,这样可以给观众一种很强烈的参与到画面中人物环境中相互交流的主观感觉。

拍摄内反拍角度画面时应当注意,由于画面的观察角度是人物的主观角度,如果人物的位置高低关系不平等,如一方站立而另一方处于坐姿,那么在拍摄时需注意两个机位的位置高低和俯仰关系,才能准确地表达画面中人物的主观视角。同时,内反拍角度画面通常情况下使用近景表现,有时也使用特写,这也和两个人对话时相近的相互位置有关。

 **本章小结**

影视画面拍摄是数字摄像的核心内容之一,本章在介绍固定画面的特点、拍摄方法与注意事项的基础上,重点阐述了运动镜头(推、拉、摇、移、跟、升降)的技术与方法,运用运动镜头的视角的丰富性,营造独特的影视节奏和韵律,从而完善影视艺术的叙事、抒情和表意功能。同时,也介绍了延时摄像和影视场面调度等相关内容。

第 5 章

摄像光线与色彩

光线和色彩是影视画面创作的必要条件,本章在介绍光线与色彩表现手段的特点、类型以及功能等的基础上,阐述了用光、用色的基本方法。

学习目标

- 理解不同方向光线的类型及应用;
- 掌握摄像用光的基本方法;
- 了解不同色彩画面的功能;
- 掌握色彩在画面造型中的运用。

教学重点

- 光线的应用;
- 色彩的应用。

总的来讲,数字摄像是光、影和色彩的艺术。光是摄像最重要的构成要素,对光线和色彩的处理往往要比其他要素重要且难得多。光不仅仅可以使被摄对象在摄像机成像器件上成像,好的摄像师还可以利用不同性质的光线和色彩表达出不同的意境来。

5.1 光线

光线是影视画面构图的必要条件,没有光线就根本谈不上物体成像。但是,若不能进行合理的布光,也很难拍摄出理想的画面。

5.1.1 光线要素

任何光线都存在照度、强度、方向和色调等几个要素。

1. 照度

光照度，即通常所说的勒克司度（lx），表示被摄主体表面单位面积上受到的光通量。1lx 相当于 $1lm/m^2$，即被摄主体每平方米的面积上，受距离 1 米、发光强度为 1 烛光的光源垂直照射的光通量。光照度是衡量拍摄环境的一个重要指标。

夏天中午阳光最强时，室外光照度可达到 10 万 lx 以上，很容易形成明显的阴影，这并不是理想的拍摄环境。而大多数室内照度都在 300lx 以下，一般的摄像机都可以在这种照度下摄像。不过，照度越低，拍出灰色或颗粒影像的可能性也越大，这时最好增加照明。较理想的拍摄条件是光照度在 10000lx 左右，在这种环境下，很容易拍摄得到清晰亮丽的影像。

2. 强度

强度是描述光线的强弱程度，各种光源所发出的光线都有一定的强度。

强光通常是由强光源发出的光线直接照射形成的，有时较弱的光源通过集聚，光线也可以形成很强的光束。强而直接的光会造成明显的阴影，并且清楚地呈现出物体的轮廓，所以常用来勾勒物体轮廓；强光也可增加被拍摄主体的明暗对比，以强调物体表面纹理、不同色彩或色调之间的反差。弱而散的光可以减弱被拍摄主体的明暗对比，使物体表面看起来平滑细致。如影片《谍海计中计》的结尾处沃特的阴谋被揭穿，采用强光对角色进行描绘，使角色产生强烈的明暗对比、极强的视觉冲击，反映角色内心的紧张与惊恐；柔光下《魔戒》中的精灵公主阿尔温则显得善良、慈爱。

对于摄像照明，强光源常常要作为主光来使用，是拍摄照明的主要来源。而弱光源要作为辅助光来使用，它可以减弱主光所造成的强烈阴影，同时不至于投射出多余的影子。

但是，光线过强，往往收不到很好的效果，因为强光下形成的阴影会过于夸张，光影效果不自然，如图 5-1 所示。拍摄时，如果光线过强，一般通过加装漫射屏或反射板等方法，来削弱光线的强度。和强光相比，散光的光影效果较为柔和、自然，可以使主体受光面均匀，反差适中。散光受光源的方向性局限小，是较为理想的光源，在剧情片的拍摄中，散光使用得较多。

图 5-1 强光画面

3. 方向

所有的光都具有方向性，根据光源与被摄主体和摄像机水平方向的相对位置，可以将光线分为顺光、逆光和侧光三种基本类型（见图 5-2）；而根据三者纵向的相对位置，又可分为顶光、俯射光、平射光及仰射光四种光线。

（1）顺光

摄像机与光源在同一方向上，正对着被摄主体，使其朝向摄像机镜头的面容易得到足够的光线，可以使拍摄物体更加清晰。根据光线的角度不同，顺光又可分为正顺光和侧顺光两种光线。

正顺光是顺着摄像机镜头的方向直接照射到被摄主体上的光线。如果光源与摄像机处在相同的高度,那么,面向摄像机镜头的部分全部能接受到光线,使其没有一点儿阴影。使用这种光线拍摄出来的影像,主体对比度会降低,像平面图一样缺乏立体感。这种光线下拍摄,其效果往往并不理想,会使被摄主体失去原有的明暗层次。

而侧顺光是光线从摄像机的左边或右边侧面射向被摄主体。在进行摄像时,侧顺光是使用单光源摄像较理想的光线。多数情况下,一般用 25°~45°侧顺光来进行照明,即摄像机与被摄主体之间的连线,和光源与被摄主体之间的连线形成夹角为 25°~45°。此时面对摄像机的被摄主体部分受光,出现了部分投影,这样能更好地表现出人物的面部表情和皮肤质感,既保证了被摄主体的亮度,又可以使其明暗对比得当,具有立体感,如图 5-3 所示。

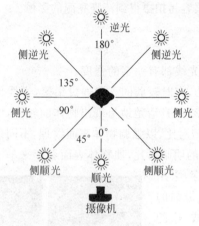

图 5-2　不同光线类型　　　　　　　　　图 5-3　影片《乱世佳人》中侧顺光画面

(2) 逆光

逆光是摄像机对着而被摄主体背着光源而产生的光线,能强烈表现出物体的轮廓特征,形成强烈的对比和反差,空间感十分突出,它是摄像中最具个性的光线。如果光源处于高位,就会在被摄对象的顶部勾勒出一个明亮的轮廓(轮廓光)。采用逆光,背对光的剪影物体,可以创造出既简单又有表现力的高反差影像。如图 5-4 所示,影片《乱世佳人》逆光的照射下,突出了人物的剪影,同时表现了庄园的美观。

一般来说,逆光拍摄是摄像中的大忌。逆光拍摄,容易使人物脸部太暗,或阴影部分看不清楚,如图 5-5 所示。运用不当还会产生主体色彩不正确、曝光不足等现象。如果不是在拍摄另类影片,那么,应尽量避免逆光拍摄,如果非要在这种条件下拍摄应利用反射板等增加辅助光。

图 5-4　影片《乱世佳人》中突出人物剪影的逆光画面　　图 5-5　影片《乱世佳人》中脸部太暗的逆光画面

（3）侧光

侧光的光源是从摄像机与被摄主体形成的直线的侧面向被摄主体照射的光线。此时被摄主体正面一半受光线的照射，影子修长，投影明显，立体感很强，对建筑物的雄伟高大很有表现力。但由于明暗对比强烈，不适合表现主体细腻质感的一面。如图 5-6 所示，影片《战争与和平》中主人公的面部在正侧光照射下产生了强烈的明暗对比，极具视觉冲击力。

（4）顶光、俯射光、平射光及脚光

顶光通常是要描出人或物上半部的轮廓，和背景隔离开来，如图 5-7 所示。但光线从上方照射在主体的顶部，会使景物平面化，缺乏层次，色彩还原效果也差，这种光线很少运用。如影片《斯巴达 300 勇士》中波斯军队的金属面具在顶光的照射下，更显诡异狰狞。

图 5-6　影片《战争与和平》中侧光画面　　　　　图 5-7　顶光画面

而俯射光是这四种光当中使用最多的一种。一般的摄像照明在处理主光时，通常是把光源安排在稍微高于主体、和地面成 30°～45°角的位置。这样的光线，不但可以使主体正面得到足够的光照，也具有立体感，而形成的阴影也不会过于明显。如图 5-8 所示为影片《战争与和平》中俯射光画面。

图 5-8　影片《战争与和平》中俯射光画面

平射光跟正顺光一样，不是很理想的光线。即使在侧顺光的位置，所形成的阴影也有点呆板生硬，不如俯射光来得自然。脚光的光线来自被摄体的下方，也起到丑化人物的效果。自然光中没有脚光的光位，因此它营造出一种反常规的视觉效果，能够夸张深陷的眼窝，也称为"魔鬼光"、"骷髅光"，多用于塑造恐怖的形象。

4. 色调

和万物一样,光同样具有色彩,不同的光线其色调不同。通常用色温来描述光的色调,色温越高,蓝光的成分就越多;色温越低,橘黄光的成分就越多。而在不同色温的光线照射下,被摄主体的色彩会产生变化。在这种情况下,白色物体表现得最为明显。在 60W 灯泡下,白色物体看起来会带有橘色色彩,但如果是在蔚蓝天空下,则会带有蓝色色调。因此,摄像机需要调节白平衡来还原被摄主体本来的色彩。

5.1.2　光线的作用

光线运用的好坏直接影响场景空间效果和空间气氛的体现,在视觉形态上主宰和把握着影片的整体效果。光线在影视画面中的作用主要体现在以下几个方面。

（1）表示时间和环境。

光线效果不仅可以表示特定的环境和时间,而且还可以塑造出典型的环境和时间。光照射角度低时,被摄物的投影就长;光照射的角度高时,被摄物的投影就短,如图 5-9 所示;光距被摄物近时,投影就深;反之,投影则淡。不少电视节目在室内录制时,就是借助于光线的不同效果,创造出特定的时间和环境。

（2）突出主体。

利用光线可以把观赏者的视觉注意力引导到特定的地点和事物上,引导观众的视线注意,突出画面中重要的道具、环境或人物,从而推动故事的发展。如图 5-10 所示,影片《乱世佳人》中运用光线突出主体。

图 5-9　光线表示时间画面　　　　图 5-10　影片《乱世佳人》中光线突出主体画面

（3）制造气氛。

光线还能够制造出不同的情调,使观众对所见的被摄对象产生不同的感受。例如,如果你坐在一间灯光阴暗的简陋客房里,就会在情绪上受到压抑;相反,当你走进一个灯火辉煌、壁灯造型美观的宴会厅时,你会感到天地宽广、心旷神怡。如影片《奇幻精灵事件簿》中蛇从角落里出现,昏暗的屋子中斜上的一摸光线正照射蛇首,使局部产生了较强的明暗对比,更显空间气氛的诡异,危机感增强,如图 5-11 所示。

（4）增强立体感。

光线在影视画面构图和造型上能够突出和表现出被摄对象的立体形状和空间感,因此在影视画面构图中具有重要的作用。例如,发亮的前景和发暗的背景能强调出被摄物的空间纵深度。暗色主体的轮廓形状在淡色的背景上,也可以很好地描绘出来;同样,淡色的体态在暗色的背景上也会显得很清晰。主体的各个表面在亮度上的差异能够强调物体的立体感,有助于表现物体的立体形状,如图 5-12 所示。

图 5-11 影片《奇幻精灵事件簿》中光线制造气氛画面

图 5-12 光线增强立体感画面

5.2 光线的运用

摄像过程中,拍摄方向和角度可能在始终变化,画面中的光影结构及色调也会随着画面表现空间的变化而变化,所以摄像画面对光线的要求比较复杂,光线会随着环境等变化而随之发生变化,这就需要摄像人员随时注意调整,合理运用光线。

5.2.1 自然光运用

自然光具有光照范围大、普遍照度高、光照均匀等特点。白天进行室外拍摄时多利用自然光,尤其是天气晴好时,太阳的光线比较充足。当然,自然光线变化性较强,光照强度和光线色温不稳定,有时强有时弱,因此在拍摄时,先要了解光线的来源和光线的强弱带来的影响,并加以运用,才能充分表达景物的光线效果。

运用自然光进行拍摄时,选择符合创作意图的拍摄时间、拍摄地点和拍摄角度。在同一地方随着季节的变化,太阳在空中的方位也发生着变化,在同一季节,随着地理位置的不同太阳的方位也不同。摄像人员不能改变太阳的方位,只能掌握它的变化规律,选择适合于造型表现的时机和光线效果。在一天时间中,太阳的位置也不断发生变化,与地平面形成不同的入射角,并由于大气层的影响使光线的色温也发生着变化。只有掌握好时机,才能拍摄理想的影视画面。

(1)黎明与黄昏

黎明是指从东方发白到日出之前的时刻,黄昏是指从太阳落山到天空星星出现之前的时刻。这两段时间,在日出和日落方向,靠近地面的天空较亮,正顶天空较暗,地面上景物被微弱的天空散射光所照明,亮度普遍较低。因此,不宜表现景物的细部层次,而适合于拍摄剪影效果。如图 5-13 所示为黄昏时刻拍摄画面。

（2）早晨与傍晚

早晨是指太阳从地平线升起到 15°角的高度之间的时刻,傍晚是指太阳从离地面 15°角的高度降到地平线以下的时刻。这两段时间,由于阳光入射角比较低,各种垂直于地面上的物体被照得明亮,并形成长长的投影。如用逆光拍摄,景物受光面与未受光面反差较大。当空气中水蒸气比较多时,天边形成一层晨雾或雾霭,阳光被大量散射,光线较为柔和,在被摄体上构成富有表现力的、为天空散射光充分柔化了的明暗变化,如图 5-14 所示。早晨和傍晚时刻景物色彩丰富,冷暖对比鲜明,是拍摄风景的黄金时刻。

图 5-13　黄昏拍摄画面

图 5-14　早晨拍摄画面

早晨与傍晚两段时间的光线由暗到亮或由亮到暗的变化很快,色温也从低色温到高色温或由高色温到低色温变化很快。拍摄时必须抓紧时间,并注意随着光线色温的变化随时调整白平衡。

（3）上午与下午

上午和下午是指太阳与地平面的夹角由 15°上升到 60°,或从 60°下降到 15°时的时间。这两段时间太阳的光线变化不大,色温相对稳定,晴朗天气时,光照充足,地面景物的垂直面和水平面均能得到较均匀的照射,并形成一定的入射角,能较好地表现物体的立体形态和表面结构,如图 5-15 和图 5-16 所示。上午与下午这两段时间是自然光下拍摄外景的主要创作活动时间。

图 5-15　上午拍摄画面

图 5-16　下午拍摄画面

（4）中午

中午是指当太阳由上午 60°角移至下午 60°角之间的时间。这段时间内,太阳近乎垂直照射成顶光效果且光照强烈。景物水平面被普遍照明,而垂直面受光很小或几乎没有,中午的光线不利于表现人物的面部造型及物体的质感,镜头俯拍时,由于地平面景物均匀反光画面中缺少影调层次变化。同时,由于阳光照射到地面的路径相对较短,光照强烈且散射光少,阴影部分不能获得足够的散射补光,景物明暗反差显著增大。如图5-17所示为中午拍摄画面。

图 5-17　中午拍摄画面

5.2.2　人工光运用

大多数摄像机都可以在光线很暗的情况下拍摄,但其效果往往不是很理想,所拍出来的影像不但画面粗糙,色彩也容易失真。摄像机的自动系统也会出现问题,有时曝光不足,有时景深太浅,自动对焦系统在对焦时也会遭遇困难。如果增加一些摄像时的人工光照明,这一切都可以迎刃而解,拍摄出来的效果会好很多。

1. 人工光灯具

人工光灯具主要运用人造电光源来实现,在影视拍摄中,有多种照明灯具可供摄像人员选择,每一种灯具都有不同的适用场合和造型效果。总体来说,可将灯具分为聚光型灯具、散光型灯具和特殊效果灯具三大类。

(1) 聚光型灯具

聚光型灯具是采用点状光源(灯泡)和反光镜,对光源所发出的光线形成会聚而产生直射光束的灯具。其特点是亮度高、方向性强、集中性好、边缘轮廓清晰,且能使被摄主体产生明显的阴影,是明显的硬光。因此,聚光型灯具主要用于局部照明灯具,作为主光、轮廓光和造型光使用。常用的聚光型灯具有菲涅尔聚光灯(演播室常用灯具)、回光灯(常作轮廓光,勾勒物体的轮廓和结构)、追光灯等,如图5-18所示。

(2) 散光型灯具

散光型灯具又称泛光灯,是指带有对光源发出的光线进行漫反射形成散射光束的光学系统的灯具。散光型灯具没有透镜,主要由光源和反光器组成,光源一般为卤钨灯管或荧光灯管,光照范围广,亮度低且均匀,散射面积大,光线没有确定方向,品质柔和,是典型的软

(a) 菲涅尔聚光灯　　　(b) 回光灯　　　(c) 追光灯

图 5-18　常用聚光型灯具

光。在影视照明中,常见的散光型灯具主要有三基色荧光灯、天幕灯、地排灯、反射式柔光灯及调焦柔光灯等。

① 三基色荧光灯：主要使用三基色荧光灯管作为光源,灯箱采用敞式结构,灯具内表面镀有比较光滑的铝质材料作为反光面,如图 5-19 所示。

② 天幕灯：灯体采用优质钢板制成,表面涂皱纹漆,光学系统主要是对称式反射器,灯具前方配有色片夹,如图 5-20 所示。

图 5-19　三基色荧光灯　　　　　　图 5-20　天幕灯

③ 地排灯：专门为背景幕布照明而设计的置地安装式散光灯具,其材质、结构和光学特点均与天幕灯相似,但为适应从地面向上照亮背景幕布,其反射面常常采用非对称式结构。如果将地排灯移到舞台前面,这类灯具就是地脚灯,如图 5-21 所示。

④ 反射式柔光灯：采用非对称式反射器,反光面镀有粗糙的铝质材料,采用管状光源并将其安装在灯具底部。这种灯具发出的光线柔和,非常适合于辅助光和降低反差的照明,如图 5-22 所示。

图 5-21　地排灯　　　　　　图 5-22　反射式柔光灯

⑤ 调焦柔光灯(红头灯)：采用未抛光铝质旋转抛物面反射器,能产生令人满意的漫反射,可调节光源与反射器焦点的位置关系,控制光线的投射范围,灯具前还配有玻璃纤维柔光器,使光线更为柔和,如图 5-23 所示。

（3）特殊效果灯具

特殊效果灯具主要用在特殊光线场合，如光束灯具、电脑灯、频闪灯及雨雪效果器等。

① 光束灯具：又称筒子灯，主要用于形成强烈的近乎平行的光束，灯具通常采用铝合金做灯体，反光镜既有采用玻璃的，也有采用铝的。筒子灯也称 PAR 灯，如图 5-24 所示。

图 5-23　调焦柔光灯　　　　　　　　图 5-24　筒子灯

② 电脑灯：是 20 世纪 80 年代出现的照明技术与电脑技术相结合的新型灯具。电脑灯内部可分为三大部分：一是电脑电路；二是机械部分；最后是光源部分。电脑灯的光源大部分都是高亮度的金属卤化物灯泡，如图 5-25 所示。

③ 频闪灯：可以模仿雷雨天的闪电效果，在影视节目中使用得并不多，仅在文艺节目和个人演唱会上经常使用，如图 5-26 所示。

图 5-25　马田摇头电脑灯　　　　　　图 5-26　马田频闪灯

④ 雨雪效果器：用聚光光源照射在雨雪效果器的两个碎镜片滚轮上，此时会反射出许许多多的小光点来。当滚轮慢速转动时，运动的小光点会产生下雪的效果；快速转动时，则能产生下雨的效果，如图 5-27 所示。

2．光线类型

按光线的造型作用可分主光、副光、轮廓光、环境光、修饰光等几类光线。

（1）主光

主光又称为塑型光，是刻画人物和表现环境的主要光线。不管其方向如何，在各种光线中占统治地位，是画面中最引人注目的光线。主光处理的好坏直接影响到被摄对象的立体形态和轮廓特征的表现，也影响

图 5-27　雨雪效果器

到画面的基调、光影结构和风格，是摄像人员需要首先考虑的光线。

主光的特点是方向性明确,能显示出光线性质,主光如是直射光将产生明显投影。主光的亮度仅次于轮廓光,当用明暗光照明时,只有一个主光,往往光比过大,不能很好地完成造型任务,多在副光配合下加以运用,但有时为追求特殊光效,不加副光,比如表现剪影效果。

（2）副光

副光又称辅助光,是补充主光照明的光线,主要用于照明被摄对象的阴影部分,使对象亮度得到平衡,以帮助主光造型。副光一般用散射光,副光照明不形成投影。

主光和副光的亮度比叫做光比。晴天太阳光和天空光光比太大,在拍摄人物近景特写时经常使用人工光进行辅助,以形成合适的光比。光比是形成影调反差的主要因素,在影视照明中,一般是先确定主光之后,再调整副光,其运用原则是不能亮于或等于主光,副光照明的阴影部分应保持阴影的性质,并使暗部有一定层次。

（3）轮廓光

轮廓光是使被摄对象产生明亮边缘的光线,其主要任务是勾画和突出被摄对象富有表现力的轮廓形式。由于轮廓光是从被摄对象背后或侧后方向照射过来的,因此具有逆光的光线效果。当主体和背景影调重叠的情况下,轮廓光起分离主体和背景的作用。在用人工光照明中,轮廓光经常和主光、副光配合使用,使画面影调层次富于变化,具有较强的装饰性和美化效果,但这种美化表现手段不宜滥用,特别是在纪实性影片和节目中更应慎用,否则容易给人以虚假的感觉。

（4）环境光

环境光是对剧中人物的生活环境进行照明的光线,多指内景和实景的人工光线而言,是天片光、后景光、前景光以及大型的陈设道具光的总和。环境光的主要作用是营造环境光线效果,烘托主体、突出主体,不使主体湮没在背景之中。

（5）修饰光

修饰光又称装饰光,指修饰被摄对象某一细部的光线。修饰光用法比较自由,可以从各种角度进行照明。例如,提高人物服饰某个部位的亮度;照亮人物身上某个装饰物(勋章、耳环、项链等);修饰主光与辅助光之间的过渡影调等。修饰光可以使被摄对象的整体形象更加悦目,局部形象更显特点,更富有造型表现力,运用修饰光应注意不暴露人工痕迹,不破坏整体效果。

3. 三点布光技术

三点布光是在影视拍摄中,运用主光、副光和轮廓光三种基本光进行照明布置,能将三维物体的立体感、质感和纵深感的基本造型充分体现,这种基本的布光方法称为三点布光法。三点布光基本格局如图 5-28 所示。

人工布光应关注总体效果,统一协调。因此,三种光线分别承担着不同的造型任务,并互相制约、互相补充,实现了对被摄主体照明的完整光线效果。在光线效果上是互相制约的,如主光高,副光就要低;主光侧,副光就要正。而轮廓光则视主光和副光

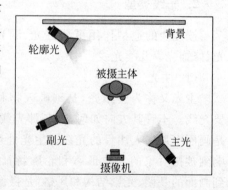

图 5-28　三点布光基本格局

的位置决定其高低、左右。有时轮廓光作为隔离光和美化光,也可以不考虑主、副光位置的关系。处理得当,三个光位的光线可以互相补充,在人物方向变化时,仍能正确表现形象;如处理不当,则会互相干扰,破坏形象表达。

随着被摄主体的增多,布光也会随之变得复杂,但复杂的布光也是建立在三点布光技术的基础上的。对被摄现场的被摄物体进行布光时首先应有总体构思。除了考虑如何更好地表现被摄体外,还要考虑到此段画面光调与前后画面的衔接。在具体的布光过程中,基本步骤为:①确定摄像机拍摄的机位及机位运动的路线;②确立主光的光位,对被摄体作初步造型;③配以辅助光来弥补主光的不足之处,进一步完善被摄体的造型;④为了区别主体与背景,增强被摄体的空间感,可运用轮廓光勾画出被摄体的轮廓线条;⑤根据现场光线条件,使用环境光交代背景空间,进一步突出和烘托被摄主体;⑥如被摄体某个局部不理想或特点不突出,可用修饰光、眼神光等作修饰性照明。

5.2.3 用光注意事项

摄像是一个动态的过程,人物自身、环境气氛、故事情节等都会因时空的变化而变化。摄像用光就是要在这个动态的过程中对光线进行合理选择,恰当处理,巧妙布置,严格掌控。

(1) 注意色温的变化。

摄像机内的摄像器件敏感而客观地记录光源的成分,不以人眼的感觉为转移。在光线色温发生变化时,摄像人员要对摄像机的白平衡进行调整,以取得正确的色彩还原。无论是自然光还是人工光,其色温都会因受到影响而变化。一般来说,中午的色温最高,而日出和日落时分的色温就比较低,阴天的色温比晴天要高一些。而随着气候的变化,色温也会发生变化。另外,在人工光照明的情况下,所使用的不同电压也会使光源的色温发生变化,一般来说电压偏高时光源的色温也偏高。

(2) 注意光线的变化。

在摄像过程中,光源种类、光线性质、光线强度、光线角度等都可能会出现不同的变化。这些变化又会对被摄物体的外部特征的表现、画面明暗分布、对比和层次、画面影调的形式及分布、形成的环境气氛,以及画面色彩正确还原等产生影响,因此要注意光线的变化。

(3) 巧妙设计光线。

设计光线是影响摄像造型、画面影调和基调的重要因素。为了表现人物形象、塑造场景造型、营造环境气氛等,应制定有计划的照明方案。如通过对人物主光角度和辅助光亮度的设计,可以塑造人物形象,表现人物的外部特征及心理情绪的变化;通过对光线性质和分布、被摄体亮度的设计,可以再现时间和季节的特点,形成画面影调明暗的对比和反差层次,展现空间范围和空间透视效果等。

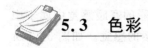 **5.3 色彩**

色彩是光和物体表面性质的视觉反映,作为摄像人员要从色彩的物理、生理和心理等方面的特征来了解和把握色彩。

1. 色彩的特征

消失色与消失色之间只有明暗的差别,而彩色与彩色之间不光有明暗的差别,还存在色别与纯度的差异。色相、明度和饱和度是色彩的三个基本特征,也称为色彩的三要素。

(1) 色相

色相简单讲就是不同色彩的名称或色彩的种类,所以也称色名或色别。色相是以射入人眼的光谱成分而定的,不同波长的光使人眼产生不同的色觉。光谱色红、橙、黄、绿、青、蓝、紫是人眼看到的最纯正的色彩。色相是物理上不同波长的光的视觉反映,如图 5-29 所示为色相环。

(2) 明度

明度是指色彩的深浅程度和明亮程度。同一种色彩具有不同的明度或叫亮度等级,如黄色明、绿色次明、蓝色暗、紫色更暗;消失色中白色最明、黑色最暗。各种色相的明度处于白色和黑色之间,物体的色彩明度可用物体的反光率或透光率来表示,反光率或透光率大,明度就大,反之则明度小。同一色相的物体,光线照明的强弱、投射角度等也影响其明度,如图 5-30 所示为明度色标。

(3) 饱和度

物体色彩的饱和度是指物体色彩的纯正程度或鲜艳程度,也叫色纯度。一种色彩中含有消色成分后会影响其色彩的纯度,某一色彩含消色成分(黑、白、灰)越少,本色成分越多,其鲜艳程度越强,越饱和;反之就越不鲜艳、不饱和。如图 5-31 所示为六色饱和度变化图。

影视作品中影响色饱和度的光线性质与照明方式、物体的表面结构、曝光条件和光学附件的使用以及大气透视效果等各种因素有关。

物体表面粗糙,拍摄后色彩还原较饱和,光滑的表面饱和度低。晴天、顺光、前侧光、平光照明,色彩鲜艳;侧光、侧逆光、逆光照明,则色彩饱和度降低。曝光不足和过度,色彩饱和度降低,只有正常曝光才能获得良好的色彩饱和度。

光的颜色取决于波长,不同波长产生不同的颜色,相同的色相可以有不同的亮度,相同的明度和色相可以有不同的饱和度。

2. 色彩的心理感受特性

人们从长期的生活积累中,对色彩的认识也有许多心理反映。人们常把色彩同温度、重量、运动等感觉联系在一起。把色彩分成冷色、暖色,重色、轻色,前进色、后退色等;由于这种心理感受的对比,又形成色彩的节奏和韵律。

(1) 冷暖感

生活中人们习惯上把红、橙、黄的颜色与火光、灿烂的阳光联系在一起,把青、蓝、紫与水、冰、阴影、夜空联系在一起,因此一般认为红、橙、黄为暖色,给人以温暖的感觉,如图 5-32 所示为暖色调画面。青、蓝色为冷色,给人以冷的感觉,绿和紫在色彩的寒暖感觉中属于中性的,因为它们在暖色里表现出寒冷的感觉,在寒色里又表现出温暖的感觉。如图 5-33 所示为冷色调画面。

(2) 重量感

人们把冷色称为重色,把暖色称为轻色。因为人们说到冷色会联想到钢铁、煤炭;谈到暖色就会联想到红黄花朵、吐露的新芽、飘浮的彩云等。明度高的色彩感到轻,明度低的色彩感到重。如图 5-34 所示为色彩的重量感。

（3）空间距离感

不同的色彩给我们的空间距离感不同,红色和黄色向我们靠近,有突出、前进的感觉,蓝色和紫色离开我们而远去,给人以一种隐蔽、后退的感觉,而其他色彩处在这两者之间,这就是色彩的空间距离感,如图 5-35 所示的前进色和图 5-36 所示的后退色。色彩的空间距离感存在着近暖、远寒的规律,在明亮的环境里存在着近浓、远淡的规律。

（4）体积感

不同的色彩,虽然本身的体积相同,但给人的视觉感受不同,暖色调体积变大,给人以扩张的感觉,而冷色体积变小,给人以收缩的感觉,如图 5-37 所示为色彩的体积感大小情况。在消失色中,白色体积变大,黑色体积变小,在造型上改变演员形体形象很有用途。在生活中,胖人总爱穿一些冷色调或黑色的衣服,而瘦人则可以穿暖色调或浅一些的衣服,这就是利用色彩的体积感的作用。

由于色彩所具有的物理和心理的现象,造型艺术家才有可能运用色彩创造供人观赏的艺术作品。摄像人员要把握好同一时空和连续时空中色彩的起伏、变化,把握好色彩的结构,在影视作品中便会创造出各种优美动人的彩色旋律。

3. 色彩的感情倾向

不同的色彩会对人的心理起到不同的作用。色彩能够表现情感,色彩的情感表现是靠人的联想而得到的。红色之所以具有刺激性,那是因为它能使人联想到火焰、流血和革命;绿色的表现性则来自于它所唤起的大自然的清新感觉;蓝色的表现性来自于它使人想到水的冰凉,等等。在摄像艺术里对色彩的研究,主要是研究如何用色彩进行表情达意,了解不同色彩对人的心理影响和表现情感的特征。

（1）红色

在各种色彩中红色的波长最长,它能给人的视觉产生强烈刺激,所以红色最醒目,有很强的穿透力。红色能使人兴奋,往往给人一种活跃的、蓬勃的生命感和热烈、奔放的温暖感;红色代表着血和火,具有一种好战的热情表现。在战争中,红色是革命的象征,如红旗、红星、红袖标等;在生活中,红色还是喜庆、祥瑞的标志,如逢年过节贴的门联窗花,婚庆盛宴鸣放的鞭炮和红喜标贴,等等;红色有时表现出一种热情,表现出欢快和睦的家庭气氛,有时它是爱情的温馨象征。同时,红色还代表危险、紧急、战争、权势、愤怒等意义。如影片《乱世佳人》中出现过两件红色服装,都是在斯佳丽与白瑞德婚姻处于危机时出现的,接着就是一个大落差由红转为黑色调子,如图 5-38 所示。

（2）绿色

绿色总是与萌芽的生命、春天的万物等密不可分,它给人一种生命、成长和充满希望的感觉,视觉对绿色最容易接受,所以绿色具有平静、安详和充实的感觉。绿色是人类和平的标志,绿色代表希望、和平、智慧和忠实,绿色给人们带来希望、安居及和平生活。如影片《乱世佳人》中,主人公用深绿的窗帘布做成的裙子穿在其身上依然美丽而独具特色,如图 5-39 所示。

（3）蓝色

蓝色作为冷色的基础色,容易使人产生寒冷、凄凉、冷静、辽阔、忧郁等联想。浩瀚的海洋、静谧的蓝夜,总会在视觉的冲击下引发人们的情绪反应,能使人平静下来,仿佛要进入到凝神遐思的氛围中去;蓝色是一种能使人忧郁的色彩,可以形成沉静、抑郁甚至忧伤的感情基调;蓝色具有深度感,能加深增强空间距离感。蓝色是典型的天空色彩,给人以辽阔、宁静、广漠和深远的感觉,如影片《乱世佳人》中用了蓝的色彩基调,如图 5-40 所示。

(4) 黄色

黄色是明度最高的色彩,给人一种明快、轻松的视觉感受,同时它也意味着收获、富足和成熟,给人以喜悦感和充实感,比如黄土、黄金、金黄的谷穗等;黄色是最辉煌、最明亮的色彩,代表着鲜明、发射光亮的物质,是表现阳光不可缺少的色彩。黄色具有一种鼓舞性,热情洋溢、精神焕发,令人感到愉快、亲切、活泼、发展、智慧、希望等;但有时黄色也有哀伤、孤独、枯萎、烦躁的意境。

(5) 黑色

黑色是庄重、严肃、有力、正派、不轻浮的色彩,给人以严肃、深沉和稳重的感觉,在一些正规的场合,人们都要穿上黑色的衣服以显庄重。有时,黑色给人一种恐怖、不安或是悲哀、绝望之感;黑色是阴暗、恶势力的表现,如《乱世佳人》一片中主人公穿着黑色的丧服,为了不能跳舞、不能穿鲜艳衣服的生活的索然无味而难过,这表现出她的表里不一的爱情方式,如图 5-41 所示。

色彩的感情倾向和象征意义,是建立在普遍视觉规律之上的,色彩的感情倾向不是一成不变的。在影视作品中具体运用时,还应该结合具体生活场景、表现对象、表现主题及时代特征和民族习惯来确定。比如说黑色是死亡之色、恐怖之色,但在另外的场合它又给人以庄重、高雅和脱俗之感。总之,在运用色彩时,不可死板地套用某种规律和格式,而应该根据主题和内容的需要选择感情特征明确、相互关系鲜明的色彩,进行恰当、灵活、巧妙的匹配、组合和运用。

4. 色彩的作用

无论是拍摄新闻纪实性节目还是拍摄艺术表现性画面,都必须有一种色彩构成意识和色彩表现意识。因为在有限的影视框架平面中,所容纳的形象和色彩必须加以选择、调整和组合才会形成和谐的色彩美感,才能形成影视节目的色彩美。

(1) 用色彩塑造人物形象。

在影视作品中,色彩造型主要体现在对人物形象的塑造上。在影视作品中,根据人物的不同性格特征、不同的生活背景和命运来设计人物的服装色彩。比如影片《英雄》中主人公的色彩的运用,秦国的基色是黑色,无名讲述的三个故事分别用红、蓝、白三种颜色代表,用三种颜色为三位刺客制作了完全一样的服装。每一位刺客的服装根据其性格的不同,选择不同的面料,无名的服装用红色与蓝色,飞雪、残剑、如月的服装的色彩与质地稍有不同,在秦王的服装中,黑中加了金色,在长空的服装中,用赭色代表中国。

(2) 确定影视作品的整体色彩基调。

银幕上不同的色彩基调,会使人无意识中就变得主动或被动,激情澎湃或感伤缠绵。理解了色彩的这种生理效应,就能通过变换色彩的使用方式将故事和导演希望传达给观众的情感因素呈现出来。在影视艺术中,创作人员经常根据电影的特定主题来确定影片的色彩基调,如影片《天使爱美丽》的色彩基调洋溢着明快轻盈的时尚气息,如图 5-42 所示。

《黄土地》以深沉的暖黄为基调,因为影片表现的是陕北黄土地,因此以黄色为全片基调。陕北的土地干旱而贫瘠,在阳光下呈发白的浅黄色,给人以烦躁的感觉;它虽然贫瘠却养育了我们中华民族,因此又有着母亲般的温暖,给人以力量和希望,在色彩上是一种温暖的调子。

有时,影视作品为了获得某种情调或某种情意上的含义而采用单色或偏色的色彩处理方法。比如影片《红高粱》,全片在拍摄时都加了红滤光镜,使得画面全部偏红,通过满眼的红高粱,以及人物对生命赤裸裸的欲求,把艺术和生命力爆发出来。

(3)用色彩塑造环境。

摄像师在拍摄画面或者在画面色彩的选择上应根据主题需要和现实的可能性,合理地选择主体、陪体和背景的色彩,达到既突出主体和细节又能进行表情达意、表现主题思想的目的。如影片《黄土地》中色彩对环境的塑造,摄像和导演抓住陕北人民喜爱的黑、红、白和陕北的黄土高原、黄河水的黄色做基调,其他可有可无的色彩尽可能舍去不用,突出表现男黑女红的服装、白色羊肚子手巾的头饰、娶亲仪式上的黑白红三色的配置。

(4)用色彩平衡画面构图。

根据表现的内容、画面形象的主次关系及情绪氛围等需要用色彩来平衡画面构图,把选择入画的色彩分配以适当的面积,排放在合理的位置上,在塑造形象、烘托主体、渲染气氛等方面发挥出特征与性能不同的色彩组合的作用。画面的色彩构成是对色彩加以谋篇布局,从而形成和谐统一而又蕴涵对比关系的整体关系和构图安排。各种色彩的搭配安排应保证主体突出、对比鲜明、画面均衡、结构严谨,如德国影片《香水谋杀案》以主人公对气味从感知到痴迷的过程与色彩的变化联系在一起。

影视作品中色彩的运用不应是客观世界的重复,不是色彩的堆砌,而是有助于深刻表达作品思想内容、塑造人物形象、刻画环境、渲染气氛的重要手段。如影片《黄土地》、《英雄》、《黑炮事件》、《红高粱》、《大红灯笼高高挂》、《菊豆》、《十面埋伏》以及电视剧《大明宫词》、《橘子红了》等都是在色彩运用上有新意的作品。

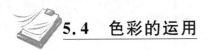

5.4 色彩的运用

色彩在影视作品中可以塑造人物形象、刻画环境、交代细节、均衡画面构图、美化画面、表达作品思想内容、渲染气氛等,如何控制画面色彩是摆在摄像师面前的重要任务。

1. 选择画面色彩

画面色彩的构成主要是利用色彩的选择,形成画面色彩的差异。色彩的差异即是色彩的对比,是指色相、饱和度、明度、色彩的寒暖、色的面积大小等的对比关系。对比不仅是塑造形体、完成构图主次关系的表现手段,也是形成画面调子的重要手段。

一个镜头的完成要进行画面色素的选择,一场戏、一部影片中色彩的处理主要也是靠色彩的选择来完成的。拍外景之前,摄像师要参加选景,和导演、美工等主创人员确定外景地,其中就包括景物色彩的选择和加工。

2. 控制画面的色彩

（1）利用光线控制画面的色彩。

摄像师虽然不能彻底改变对象色彩的属性，但是可以利用光线处理的手段增强或减弱色彩的某些属性。光与色的关系十分密切，有光才会有色，而色又随光变化，景物常随光源性质、种类、照射的方位、角度的变化而变化，如图 5-43 所示为光线控制画面。

（2）利用滤色镜控制画面的色彩。

滤色镜可以改变连续光源的光谱成分，从而改变光线的颜色即色温。加色法滤色镜色彩很重，一般用在黑白片中调节画面影调。比如张艺谋的电影《红高粱》就是在镜头前加红色滤色镜，把画面"染成"红色，失去了色彩原来的面貌。除了加法滤色镜外，摄像中用得最多的是减法滤色镜，即黄、品、青系列的滤色镜，用它可以调整画面某些色彩的属性。例如加品红滤色镜可以减弱画面中绿色的饱和度，加青色滤色片可以使红色减弱。如影片《七宗罪》以消色手法营造的阴冷暗调与影片阴郁恐怖的情绪相适应，如图 5-44 所示。

（3）利用曝光控制画面的色彩。

曝光对画面的色彩影响很大，曝光过度会使画面色彩变淡、变白；曝光不足会使画面色彩变暗，只有曝光正常时画面色彩才能得到真实的还原。比如，阴天拍摄画面曝光不足，使画面色彩呈现出灰暗的蓝灰色调，如果曝光正常或者稍有过度，色彩不会阴冷。

（4）利用调白平衡控制画面的色彩。

彩色摄像机是通过光电转换将景物信号变为电信号进行处理并记录的，摄像机可以通过改变红、绿、蓝三路电信号的幅度来进行画面色彩的调整，这就是调整白平衡。调白平衡可以使画面的色彩逼真还原，也可以通过白平衡的错位调整使画面偏色，达到作者的创作意图。比如用发青的复印纸调，照明景物的光线中蓝光成分略微减弱，画面偏黄，呈现暖色调；而用发黄的白纸调白平衡，使画面呈现出蓝色的冷调。

📋 本章小结

光线和色彩是影视画面创作的必要条件，本章介绍了光线的特点、类型和功能，并重点阐述了自然光和人工光运用的相关技术与方法。同时，介绍了色彩的特征与作用，并介绍了用色的基本方法。

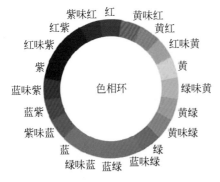

图 5-29　色相环

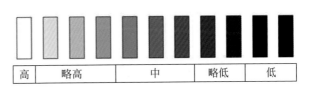

图 5-30　明度色标

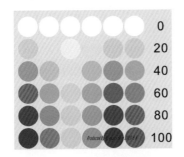

图 5-31　六色饱和度变化图

图 5-32　暖色调

图 5-33　冷色调

图 5-34　色彩的重量感

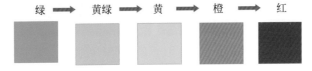

图 5-35　前进色

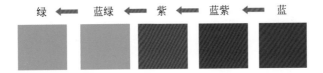

图 5-36　后退色

感觉大 感觉小

图 5-37 色彩的体积感大小

图 5-38 影片《乱世佳人》红色画面

图 5-39 影片《乱世佳人》绿色调画面

图 5-40 影片《乱世佳人》蓝色调画面

图 5-41 影片《乱世佳人》黑色调画面

图 5-42 影片《天使爱美丽》画面

图 5-43 光线控制画面

图 5-44 影片《七宗罪》消色法画面

第6章

影视声音处理

声音是构成影视作品视听语言的主要元素,与影视画面相互配合共同完成作品的功能与需要。本章在介绍声音类型的基础上,着重介绍影视声音运用和同期声的采集等相关内容。

学习目标

- 了解声音的性质与基本功能;
- 理解影视声音特性;
- 掌握同期声的采集与运用。

教学重点

- 各种声音的类型与运用;
- 同期声的采集与运用。

在影视艺术的发展过程中,每一种表现元素——如特写、运动镜头、光线、色彩、蒙太奇等的出现及应用——都为影视的创新与发展注入了新的活力。而这其中,影视声音的加入无疑具有划时代的意义。声音作为影视媒介的基本元素之一,它使影视从纯视觉的媒介变为视听结合的媒介,使得过去通过视觉因素表现出来的相对时空结构,变为通过视觉和听觉因素表现出来的相对时空结构。

6.1 影视声音概述

6.1.1 声音基础

声音是由于物体的振动通过介质传播并能被人的听觉器官所感知的波动现象。在振动时,周围的空气分子随着振动而产生疏密变化,形成疏密波,也就是声波。当声波到达人耳位置时,刺激听觉神经末梢,产生神经冲动,神经冲动传给大脑,人们就听到了声音。声音的特性主要包括音量、音高和音色三个方面。

1. 音量

音量是指声音振动的幅度使人的听觉产生的声音大小感。影视声音不断控制音量的变化,可产生不同效果。人声之间也有音量的差异。例如,体弱多病的人音量小,性格豪放的人音量较大。此外,音量的变化还可表现声源的距离变化,声音的急剧变化能使观众感到吃惊。

2. 音高

音高是指各种不同高低的声音。声音振动的频率控制着声音的高低,即感觉中的高音与低音,它与声音的频率有关,但并不成正比例关系,而是与频率的对数值有关。因此,常用频率的倍数或对数关系来表示音调,频率越高,人耳感觉的音调随之提高。声音的振动频率决定音高,在影视声音中音高主要表现在音乐中。

在自然音响中,一些有固定频率的物体也有音调的差异,如钟、铁轨、碗、汽车喇叭、汽笛等。

3. 音色

音色又称音品,每一种乐器都有不同的音色,每个人的声音由于发声机制的差别也存在不同的音色。声音的音色是指泛音的存在和其相对强度决定了某件乐器的特征。也就是说,音色主要取决于声音的频谱结构。如果改变泛音的数量及其幅度,也即改变了声音的频谱结构,那么乐器声音的性质会随着改变。每一种乐器都有不同的音色,每个人的声音由于发声机制的差别也产生不同的音色。

声音各个部分的调和,赋予声音特定的韵味或音质。音量、音高和音色这三个声音的基本要素彼此互相影响,从而界定了一部影片的综合性声音构造。

6.1.2　影视声音的功能

声音是影视重要的表现手段,它以独特的听觉方式丰富了原有画面空间的表现力、内涵性,使得影视具有了多层次的空间造型和人物造型。影视声音的功能非常丰富,但一般来说主要有以下几种。

1. 再现功能

影视中的声音可以营造真实的环境氛围,可以复制现实生活中人物的言行,描摹出细腻真实的故事情境,并用独特的音色展现出真实可信的人物身份和性格。比如影片《邻居》开头的锅碗瓢盆交响曲就很真实地再现了普通百姓筒子楼的生活状况,还有诸如《押解的故事》等许多影片中的方言使用也都是异曲同工。

2. 参与剧作功能

影视中的声音并不是可有可无的,不仅对话对于推动故事至关重要,而且音响对于情节的发展和刻画人物都会有极大的推动作用。比如影片《雷雨》中,雷声的多次出现均提示了情节的转机和人物命运的变化。

3. 表情达意功能

影视声音并不是单调的,无论人声、音响还是音乐都会有动作性和变化性,这对于人物情绪情感的表达非常重要。比如影片《黑暗中的舞者》中幻想段落的歌曲使用,鲜明地刻画了主人公向往理想的超现实主义内心状态。

6.1.3 影视声音的类型

影视中的声音按照创作主体和创作方式的不同,可以分为人声、音乐与音响三类。

1. 人声

人声是指影视作品中人物形象的所有声音。人声的音色、音高、节奏和力度,都有助于塑造人物性格的声音形象,然后才和视觉形象联系起来,形成一个完整的整体。在同一作品里,不同音色、音高、节奏和力度的人物声音形象所形成的总合效果,就仿佛是合唱一样。

人声主要是由对话、独白、旁白及解说词等形式组成。对话进入超叙事时空,表现人物内心的运动,更深入地揭示人物的思想感情;独白有两种形式,一种是人物的内心声音,另一种是人物或叙事者在非叙事时空对事件的评价;解说词是非事件空间的创作者对事件空间所发生的事件的评价或解释。

2. 音乐

音乐在人类文明史中经过数千年的发展,其艺术形式已趋完善,主要是由音乐人凭借乐器创作而成。音乐对于影视艺术来说则是一门年轻的艺术。在无声电影时代,针对电影画面的内容与情节的需要,音乐的"声音"率先打破了无声的局面;当跨入有声电影时代后,影视音乐的创作更得以喷涌发展。影视作品中的音乐往往凝结着影片最深刻的思想和最深沉的情感,面对着人类复杂的情感,再出色的台词也显得苍白无力,唯有与影片水乳交融的音乐,才能与影片产生共鸣,达到作品精神层面的升华。

3. 音响

音响是影视节目中除了人声和音乐以外的所有声音的统称,它几乎包括了自然界中各种各样的自然声和效果声。作为背景或环境出现的人声和音乐通常也可被看作是音响;自然声可以直接记录下来,也可以采用人工模拟的方法记录;效果声的制作与自然声不发生冲突,但是在运用上具有特别的艺术内涵,又称为特殊效果声。

对于影视作品而言,音响是极其重要的一种声音元素,在影视作品中能够表真、表意、表情,无论在内容上还是形式上,音响都起到补充、烘托影片的作用。

6.2 影视声音运用

影视艺术是视听结合的艺术,是连续运动的画面和无限延续的声音的有机结合。声音的距离感、方位感与运动感在生活中是人们习以为常的声音经验,在影视创作中应还原人们对生活的声音感知,才能还原生活的真实。影视声音主要包含人声、音乐和音响三个方面的运用。

1. 人声的运用

影视中的有声语言便是人声。人声和镜头的画面结合能起到叙述内容、刻画人物性格、扩大画面容量、展开故事情节的作用。影视中的人声分为对白、旁白、解说词及独白等。对白是电影中人物之间进行交流的语言,影视作品中的使用最多,因此也是最为重要的语言内容;独白即剧中人物在画面中对内心活动所进行的自我表述;旁白则是以画外音的形式出现的人物语言。例如,影片《大话西游》中,至尊宝对紫霞说的经典对白"曾经有一份真诚的爱情放在我面前,我没有珍惜,等我失去的时候,我才后悔莫及,人世间最痛苦的事莫过于此……"这是观众极为熟知的电影对白。

人声以其独特的音调、音色、力度及节奏等因素存在,具有表达情绪、塑造人物、推进故事、营造氛围的丰富表现力。人声配合影视画面交代故事情节,推动叙事,如《我的父亲母亲》中儿子的旁白引出父母的故事;人声可以塑造人物特殊的性格,如《水浒传》中的人物声音都各具特点;人声还可以直接表达作者的观点和作品的主题,比如影视作品中旁白的运用。

(1)对白

对白,又称对话,是指影视作品中人物之间进行交流的语言,是使用最多、最为重要的声音,对白具有简洁、生动、自然造型等特点。对白可以交代剧情,如影片《生死时速》中的人物对白;对白可以塑造人物形象,展现人物性格,靠人物对话中的表情、音色、音调来实现,如影片《亚瑟王》中通过对白表现主教的贪婪、自私和残忍,同时表现亚瑟王的善良、信守承诺;对白还可以传达潜台词的丰富内涵,如影片《手机》中的很多对白都传达了丰富内涵。

对白是影视作品中最重要的声音元素,可以在现场录制,也可以在录音室录制,根据影片的需要而定。在录制过程中,现场录制效果是最好的,它可以配合背景声音,从而增加影片的真实感,不过要注意杂音的处理,勿让背景的环境音过大而影响对白。

现场录制对白最常用的就是吊杆式指向型麦克风,如图 6-1 所示。这种麦克风因指向性强,可以减少环境音和杂音的影响。另外,隐藏式麦克风的使用也比较广泛,如拍摄一些移动镜头、远景或运动镜头时,隐藏式麦克风是一个很好的选择,如图 6-2 所示。

(2)旁白

旁白是影视画外音,也就是声源在画面以外的声音。旁白是指以画外音的形式出现的人物语言,发出者可以是影片中的人物,也可以是跟剧情完全没有关系或影片中完全没有出现过的局外人。它是影视作品中最为客观的一种声音,和内心独白都属于画外音。

图 6-1　吊杆式指向型麦克风　　　　　图 6-2　隐藏式麦克风

旁白以局外人的身份和一种纯客观的态度来说话,有了一层理智、冷静的色彩。根据发出者的性质不同,可以大体分为:剧中人物的主观叙述,如影片《阳光灿烂的日子》中马小军的旁白;完全独立的局外人的客观叙述,属于议论、评价性的旁白,如影片《红高粱》中的旁白。

旁白用来交代剧情背景,如影片《两个人的车站》开头的旁白,进行剧情交代说明,使观众迅速进入情景;旁白具有叙事功能,这也是旁白最重要的作用,如影片《红高粱》中的人物关系、周围环境、时间转换等几个主要情节转折点,几乎都是用旁白来交代的;旁白用来介绍出场人物,如影片《邻居》序幕中的旁白介绍了人物的身份和历史等。

旁白的录制一般在录音室进行,录制后再插入到影片中。旁白录制必须清晰,不能有任何杂音或背景音。

(3) 解说词

以画外音形式出现的旁白经常会出现在非叙事性的电视节目中,如纪录片、科教片及宣传片等,通常被称为解说词。解说词是非叙事时空的创作者对叙事时空的事件或者人物的评价或解释。有的解说词独立于影片之外,以第三者形象出现,配合和补充画面信息;有的以片中主人公自己的讲述作为解说词;有的虽然也是以第三者身份出现,但带有明显的个人色彩,语言带有浓厚的生活气息,如电视节目《东方时空》。解说词的语言一般以叙述为主,抒情和议论恰如其分,描述性的语言一般不用。

(4) 独白

独白是指影视作品中人物在画面中对内心活动所进行的自我描述。独白有以自我为交流对象的独白("自言自语")和与其他交流对象的大段叙说两种形式。内心独白是人物内心思想、情感的一种表现形式,所要传达的是人物对外部世界的一种心理体验,如影片《重庆森林》中的独白。

按照发出者的性质不同,影视作品中的内心独白分为两种:一是人物在超叙事时空中的内心声音,如影片《王子复仇记》;二是人物兼叙述者,一般采用第一人称,在非叙事时空中对事件的主观评价,如影片《城南旧事》中的独白。

2. 音乐的运用

音乐是在影视作品中体现影片艺术的构思,是影视综合艺术的有机组成部分,它在突出影片的抒情性、戏剧性和气氛方面起着特殊作用。音乐是影片中经过加工的,要通过演奏、演唱形成的声音。在使用音乐素材时有两种情况：一是画面上有声源，一是画面上无声源。电影理论家克拉考尔在著作中提出："音乐可以渲染一个视觉主题……声音本身即是画面，你可以使用它们而无须可见形象的支持。"影视作品中的音乐又可分为主题曲、插曲、片尾曲和背景音乐等几种类型。

音乐可以推动故事情节的发展，还可以改变影片的节奏，如影片《珍珠港》的开头，雷夫和伊弗琳下火车来到舞厅的过程中，影片一直播放着狂热的爵士乐，让整个过程都处在活跃的氛围当中；当珍珠港遭到袭击伤亡惨重，众人打捞伤亡者的过程中，影片出现的是一首缓慢而悲伤的轻音乐，悲怆壮观的场面带给观众身临其境的伤感。

影视音乐与纯音乐相比最根本的区别是它明显的他律性质，受其他因素的制约，如分段陈述、间断出现；创作上受影片题材内容的制约，为剧情服务；与影片相伴而行，与影片的艺术风格一致，并有助于创造人物形象和表达情感心理。

影视音乐的形式，按是否具有具体的时空特征，包括有声源音乐（即音乐的声源和画面内容是一致的）与无声源音乐（即画外音乐、功能性音乐，并非来自画内可见的发声体所提供的音乐）；按音乐运用的位置包括片头音乐、片尾音乐以及场景音乐，如影片《音乐之声》中的音乐，作为剧作构思和剧情发展的主要部分，以音乐为核心线索贯穿影片。

影视作品中的音乐具有以下功能：音乐可以表达那种用语言和行动都无法表达的情感，创造出一种令人心动的情绪氛围，如影片《魂断蓝桥》中的音乐；音乐可以表达时代感，如影片《阳光灿烂的日子》中的音乐，让人仿佛回到了那个时代；直接参与情节的推动，如影片《冰山上的来客》中的音乐《花儿为什么这样红》成为主人公爱情发展的直接因素；音乐可以抒发情感，音乐的使用对于奠定整部影片的主题基调和影像风格具有重要作用。

录制节目时需要根据影片场景选择适合的音乐，多数是后期在录音室录制后再插入到影片。特殊情况下需要现场感，就必须在现场录制，如摇滚等，现场录制会更富有激情。

3. 音响的运用

音响是指影视作品中除了人声、音乐之外所出现的自然界和人造环境中所有声音的统称，又称效果声。音响从艺术创作来源角度可以简单分为自然音响和人造音响。著名的英国喜剧短片《憨豆先生》，便是运用了各种不同的效果声，剧中对白极少，几乎都是靠"丰富的肢体动作"和"变化多端的表情"来呈现给观众，并配合着各种音响，把英国式的幽默表现得淋漓尽致。

音响的类型包括动作音响、自然音响、背景音响、机械音响和特殊音响等几类。

动作音响：人和动物行动所产生的声音，如人的走路声、打斗声、动物的奔跑声等。

自然音响：自然界中非人的行为动作所发出的声音，如风声、雨声、鸟语虫鸣等。

背景音响：作为环境和背景出现的嘈杂人声或音乐声，又称群众杂音。

机械音响：因机械设备的运行所发出的声音，如汽车、火车、轮船、飞机声、电话声和钟表声等。

特殊音响：经过变形处理的非自然界的音响，如神话、科幻片中用的效果声。

不同的效果声不仅能够体现影视作品的真实性和现实性，而且它与画面的完美结合还可以产生特殊的艺术效果。如影片《精神病患者》中采用了一种极不自然、非常尖锐的类似鸟鸣声,连很多音乐家也无法辨认这种音质的来源,原来是小提琴拉到最高时所发出的声音。

影视作品中音响具有以下功能:音响可以增强环境的真实性,如影片《拯救大兵瑞恩》中音响的运用;音响可以渲染画面的氛围,如影片《黑客帝国》中音响的运用;音响可以表现人物的心境,表达人物情绪、创造特定的氛围,同时还具有拓展可见的银幕空间和参与叙事的功能。

效果声的录入用来增加影视场景的真实感。环境音可以根据某个特定场景的需要来录制,可现场录制,也可后期录制,如果场景需要整体的现场感,就必须在现场进行录制。而特殊音效一般很难找到,需要自己创造,制造这些声音,一般要借助软件,目前常用 Cool Edit Pro 软件进行声音处理,此软件具有录制、播放、转换、编辑等功能,例如,回响效果、多次敲击延迟、混音效果、3D 环绕效果、失真效果等声效都可以实现。

4. 声画关系

画面与声音是构成电影的两个要素,两者之间的关系是剪接工作的重要部分。声音的加入,丰富了影片的信息,提供了形成节奏的重要手段。只有声音与画面协调、巧妙、有机地配合,才能产生立体、完整的感官效果。

影视声画关系的形式既是声画共同运动的成果,又持续推动着声音和画面的多向运动与时空真实感的主观构造。如影片《想爱就爱》的结局,男女主角终于能在一起,影片中出现了钢琴弹奏的轻音乐,一首带有感情的音乐配合着画面中两位主角喜悦的表情,成功地把观众带入到影片的情感之中,同时把影片推向了高潮。

影视作品中画面与声音的关系大致分为声画合一、声画分立及声画对位三种形式。

(1)声画合一

声画合一,即声画同步的方式,尽量使声音和画面达到一致。这种方式最符合生活逻辑,也最能为观众所接受,通常的影视作品基本采取声画合一。从有声电影诞生开始,很长一段时期,声画合一都是电影制作的一条基本准则。

(2)声画分立

声画分立,即镜头画面中的声音和视觉画面不同步,互相剥离。有些特殊情况下,要求一切声音与画面机械一致反而会降低作品的信息量或艺术感染力,而采取声画分立的方法,则可增加作品的信息量或艺术感染力。如影片《现代启示录》中,主角在述说自己的经历时,画面出现的是军事画面,而背景音乐在不停地变化,与画面完全离异。

(3)声画对位

声画对位,即影片的声音与画面各自按照自己的逻辑展开,声音与画面的关系各自独立、互相补充,若即若离。声音一般不会来自画面之中,但在情绪上又有一种相互映照的关系。如影片《辛德勒的名单》中,犹太人被脱光衣服检查的场景,虽然画面上是犹太人被像畜生一样对待的场面,但留声机却放着优美的音乐,这种声音与画面的强烈对比,深刻地展示了纳粹对犹太人的残忍践踏的事实,如图 6-3 所示。

这种与画面在情绪、气氛、格调、节奏、内容上造成对立、对比的音乐,从另一个侧面来丰富画面的含义,产生一种潜台词,形成新的寓意,使观众得到更深的审美享受。

图 6-3　影片《辛德勒的名单》中声画对位画面

6.3　影视同期声

同期声是指拍摄画面的同时,在同一存储介质上同步记录与画面有关的现场的人声或自然环境中的声响。同期声经过细致的后期处理,能够最大限度地缩短屏幕与观众的心理距离,增强节目表现力和感染力。

6.3.1　同期声的作用

同期声是与画面同步出现的各种声音,包括记者和采访对象的谈话、人物的对话、现场的各种实况音响。在同期声与画面之间有着割舍不断的联系,只有二者相互配合,才能使观众通过屏幕既见其形又闻其声。现场拍摄时,应完整地记录下与画面同步出现的各种声音。

(1) 强化真实的时空感。

真实是电视艺术的生命,也是它赖以存在的美学基础。然而,摄像常常忽略对同期声的记录,使本来应该有声有色的素材成为鸦雀无声的"默片",主人公思维和感情的自然流露变成了编导的引导和解释。形声一体化的结构,还原了生活的本来面貌,使被拍摄的事物更贴近人们日常生活的经验,使人们自然而然地进入一个再创造的现实世界。

(2) 增强节目的生动性。

在抒情写意的片子中,同期声的运用使人们对事物的感受更加细腻,如泉水的叮咚声、微风的沙沙声等。生动的同期声使观者听瀑布如临深潭,闻松涛如凌绝顶。

(3) 增强节目报道的客观性。

灵活准确地采用与画面完全一致的同期声,能够让事件的当事人或目击者直接面向观众陈述他们的所见所闻所感,使报道具有无可争辩的客观性,更具说服力和感染力。

6.3.2　同期声的采集

同期声更贴近于观众的心理审美趋向,所以能否录制到优质的同期声,在一定程度上决定了节目的成败。特别应当引起注意的是,摄像机的录音系统与人的耳朵有一定差别,摄像人员应当学会用话筒聆听现场的声音。同期声的采集有几点需要注意。

(1) 掌握话筒的使用技巧。

首先,要根据声源的频率响应带宽和创作要求选择合适的话筒。录制乐器声音时,应选用频带宽的带式话筒或电容式话筒;录制人的谈话声时,佩戴式或台式的动圈式话筒就可以;录制大型集会、体育比赛,则应选用耐用、灵敏度高、指向性强的动圈式话筒。

其次,将话筒放在合适的位置。声音,尤其是高频声通过空气时,其响度(振幅)锐减,这种能量损耗与声音穿越空气的距离的平方成反比,因此安放话筒时,一是确定距离,二是确定方向,确保声源传出的声音都在话筒的拾音范围内,降低声音的损耗。

(2) 室内录音时,应避免反射的声音进入话筒。

声音是沿直线传播的,在传播过程中遇到障碍物就会被反射,如果声源发出的声音与反射声同时进入话筒,录制的声音就含混不清。因此,所有演播室和配音室的墙壁都不是平滑的表面,而是均匀地分布着无数个小孔,这些小孔的作用就是减少声音的反射,达到混响的标准。在外景节目的拍摄过程中,录制现场的环境各种各样,室内往往有平滑表面的墙壁或家具,在这种条件下录音就要选择合适的位置,使话筒和声源躲开大面积的反射平面,或者在声源的周围挂一些布幕,减弱声音的反射。

(3) 避免人为噪声。

摄像机固定在某一点拍摄时,为了录到优质的同期声,也应把话筒从摄像机上取下,接上加长线,手持话筒或使用吊杆话筒录音。但是,手持话筒录音时,切忌手与话筒防风罩摩擦,也不要快速抽拉话筒线。

(4) 注意声音的空间透视效果。

声音也是有景别的,当画面是近景镜头时,声音听起来应比远景大而清晰。镜头中,当人物向摄像机走近时,声音应逐渐加强;当其远离摄像机时,声音应逐渐减弱。声音的这种空间透视效果只靠调节接收器的音量大小是不可能获得的,话筒与声源的距离、方向的调节至关重要。

(5) 外景录音时,注意防风。

空旷的田野里不易觉察的风声常给后期制作造成很大的麻烦,因为耳朵对风声的敏感程度远远低于话筒,即使话筒上装有性能优越的防风罩,也很难避免风打话筒产生的噪声。所以,应仔细观察风向并利用现场的各种工具,如草帽、反光伞等屏蔽遮风进行录音。

6.3.3　同期声的运用

影视摄像面对的事物是千变万化的,节目中涉及的事件和人物,在后期编辑时还要进行取舍,与之相关的同期声也是如此,需要进一步加工和提炼。

(1) 要有目的性。

运用同期声要从整部片子的内容需要出发,把真实性与艺术性结合起来考虑,仔细选择,切忌杂乱,从而达到艺术的真实。

(2) 适当把握同期声的长度。

与画面的剪辑节奏类似,声音的剪辑也应当是有节奏的。这种节奏是指同期语言声、同期效果声、解说声、音乐声等的交替出现和综合运用。就某一段同期声而言,一般不宜过长,否则会造成节奏的拖沓。从人们的听觉感受来说,过长的同期声容易使人感到单调疲劳。

(3) 与其他声音元素和谐统一。

尽管同期声有诸多优点,但在影视节目制作过程中不应一味采用同期声而排斥其他手段的运用,影视是一门综合艺术,它需要综合运用一切可能的手段去实现尽可能完美的视听效果。画面、解说、音乐音响、字幕等各种影视语言各具特色,互相补充、深化,共同构筑起了影视语言的立体信息场,它们就像交响乐的不同声部,只有和谐统一,才能创造出华美的乐章。

6.4 声音数字化

通过各种拾音器,如话筒等,将物体振动所产生的声音录制下来,存储在磁带、磁盘等电磁存储介质上,这种声音是以电信号存在的,称为模拟音频。称从模拟信号到数字信号的转换为模数转换,记为 A/D(analog-to-digital);称从数字信号到模拟信号的转换为数模转换,记为 D/A(digital-to-analog)。

1. 声音数字化的含义

将连续的模拟信号变换成离散的数字信号,虽有多种方法,但在数字音响中普遍采用的是脉冲编码调制方式,即所谓 PCM(pulse code modulation),PCM 方式是由采样、量化和编码三个基本环节完成的。数字化实际上就是采样和量化。声音的数字化需要回答如下两个问题:每秒钟需要采集多少个声音样本,也就是采样频率是多少? 每个声音样本的位数应该是多少,也就是量化精度是多少? 为了保证声音的质量,必须提高量化精度。

(1) 采样和量化

连续时间的离散化通过采样来实现,就是每隔相等的一段时间采样一次,这种采样称为均匀采样(uniform sampling);相邻两个采样点的时间间隔称为采样周期(T_s,sampling period)或采样间隔(T,sampling interval)。连续幅度的离散化通过量化(quantization)来实现,就是把信号的强度划分成一小段,在每一段中只取一个强度的等级值(一般用二进制整数表示),如果幅度的划分是等间隔的,就称为线性量化,否则就称为非线性量化,如图 6-4 所示。

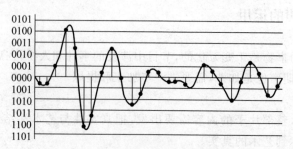

图 6-4 连续音频信号的采样和量化

（2）编码

把采样、量化后的声音信息变换为二进制数码的过程称为编码（coding）。在数字音响中，通常采用 16 位（bit）数码表示一个量值，即量化位数 $n=16$。经上述采样、量化和编码所得的数字信号称为 PCM 编码信号，或 PCM 数字信号。

2. 声音数字化的技术指标

声音数字化的过程就是以一定的采样率、一定的量化位的分辨率获取自然声源的数字化信息，然后设法使记录下来的数据尽可能减少，而重播和回放时使声音波形尽可能接近原始波形。这些都涉及数字音频的技术指标和压缩存储的问题。

（1）采样频率

采样频率是指一秒钟内采样的次数。简单地说，就是通过波形采样的方法记录 1 秒钟长度的声音，需要多少个数据。44.1kHz 采样率的声音就是要花费 44000 个数据来描述 1 秒钟的声音波形。

采样频率的选择应该遵循奈奎斯特（Harry Nyquist）采样理论：如果对某一模拟信号进行采样，则采样后可还原的最高信号频率只有采样频率的一半，或者说只要采样频率高于输入信号最高频率的两倍，这样就能把以数字表达的声音没有失真地还原成原来的模拟声音，这叫做无损数字化。

奈奎斯特采样定理可用公式表示为

$$f_s \geqslant 2f_{max} \qquad 或者 \qquad T_s \leqslant T_{min}/2$$

其中，f_s 为采样频率，f_{max} 为被采样信号的最高频率，T_s 为采样周期，T_{min} 为最小采样周期。

因此，如果一个信号中的最高频率为 f_{max}，采样频率最低要选择 $2f_{max}$。也就是说，采样频率是信号带宽的两倍就能够重构原始信号。例如，电话话音的信号频率约为 3.4kHz，采样频率就应该 $\geqslant 6.8$kHz，考虑到信号的衰减等因素，一般取为 8kHz。CD 激光唱盘采样频率为 44kHz，可记录的最高音频为 22kHz，这样的音质与原始声音相差无几，也就是我们常说的超级高保真音质。采样的三个标准频率分别为：44.1kHz、22.05kHz 和 11.025kHz。

（2）量化位数

量化位数是对模拟音频信号的幅度轴进行数字化所采用的位数，它反映度量声音波形幅度的精度，决定了模拟信号数字化以后的动态范围。由于计算机按字节运算，一般的量化位数为 8 位和 16 位。量化位越高，信号的动态范围越大，数字化后的音频信号就越可能接近原始信号，但所需要的存储空间也越大。例如，每个声音样本用 16 位表示，测得的声音样本值是在 0～65536 的范围里，它的精度就是输入信号的 1/65536。

样本位数的大小影响到声音的质量，位数越多，声音的质量越高，而需要的存储空间也越多；位数越少，声音的质量越低，需要的存储空间越少。常用的采样精度为 8b/s、12b/s、16b/s、20b/s、24b/s 等。

（3）声道数

声道有单声道和双声道之分。双声道又称为立体声，在硬件中要占两条线路，音质、音色好，但立体声数字化后所占空间比单声道多一倍。

3. 音频信号的质量指标

根据音频信号的特征,信号质量的度量首先从信号的频率和强度上考虑。

(1) 频带宽度

由于声音信号是由许多频率不同的分量信号组成的复合信号,而描述信号的复合特性的参数就是频带宽度或者称为带宽,它描述组成复合信号的频率范围。音频信号的频带越宽,所包含的音频信号分量越丰富,因此音质就越好。

在广播通信和数字音响系统中,通常以声音信号的带宽来衡量声音的质量。根据声音的频带宽度,通常把声音的质量分成 5 个等级,由低到高分别是电话(telephone)、调幅(amplitude modulation,AM)广播、调频(frequency modulation,FM)广播、激光唱盘(CD-Audio)和数字录音带(digital audio tape,DAT)的声音。在这 5 个等级中,使用的采样频率、样本精度、通道数和数据率如表 6-1 所示。

表 6-1 声音质量和数据率

质量	采样频率/kHz	样本精度/(b/s)	声道数	数据率/(kb/s)	频率范围/Hz	频宽/kHz
电话	8	8	单声道	64	200~3400	3.2
AM	11.025	8	单声道	88.2	20~15000	7
FM	22.050	16	立体声	705.6	50~7000	15
CD	44.1	16	立体声	1411.2	20~20000	20
DAT	48	16	立体声	1536.0	20~20000	20

(2) 动态范围

声音的动态范围是最大音量与最小音量之间的声音级差。动态范围越大,信号强度的相对变化范围越大,音响效果越好。

(3) 信噪比

信噪比(signal to noise ratio,SNR)是有用信号与噪声之比的简称。噪声可分为环境噪声和设备噪声。信噪比越大,声音质量越好。SNR 的单位为分贝(dB)。信噪比是一个最常用的技术指标,在设计任何一个声音编码系统时都要使信噪比尽可能大,从而得到尽可能好的声音质量。

4. 数字音频格式

数字音频的编码方式就是数字音频的格式,不同的数字设备一般都对应着相应音频文件格式。常见的数字音频格式有 WAV、MIDI、CD 及 MP3 等。

(1) WAV

WAV 格式是微软(Microsoft)公司开发的一种声音文件格式,也叫波形(wave)声音文件,是最早的数字音频格式,被 Windows 平台及其应用程序所广泛支持。WAV 格式支持许多压缩算法,支持多种音频位数、采样频率和声道。当采用 44.1kHz 的采样频率时,16 位量化位数的 WAV 的音质与 CD 相差无几。因此,WAV 也是音乐编辑创作的首选格式,适合保存音乐素材。同时,WAV 也被作为一种中介格式,常常使用在其他编码的相互转换之中，例如，MP3 转换成 WMA。但 WAV 格式对存储空间需求太大，不便于保存、交流和传播。

（2）MIDI

MIDI 是 musical instrument digital interface 的缩写，又称作乐器数字接口，是数字音乐/电子合成乐器的统一国际标准。MIDI 定义了计算机音乐程序、数字合成器及其他电子设备交换音乐信号的方式，规定了不同厂家的电子乐器与计算机连接的电缆和硬件与设备间数据传输的协议，可以模拟多种乐器的声音。MID 文件就是 MIDI 格式的文件，在 MID 文件中存储的是一些指令。把这些指令发送给声卡，由声卡按照指令将声音合成出来。MIDI 文件具有文件比较小、同样的 MIDI 文件在不同设备上播放效果不同、容易编辑等特点。

（3）CD

CD 是大家比较熟悉的一种音乐格式，扩展名 CDA，其采样频率为 44.1kHz，16 位量化位数。CD 存储采用了音轨的形式，又叫"红皮书"格式，记录的是波形流，是一种近似无损的格式。

提示：不能直接复制 CD 格式的 ∗.CDA 文件到硬盘上播放，需要使用抓音轨软件（如 Easycd）把 CD 格式的文件转换成 WAV 或其他音频格式。

（4）MP3

MP3 格式诞生于 20 世纪 80 年代的德国，它的全称是 MPEG-1 Audio Layer 3，所谓 MP3 指的是 MPEG 标准中的音频部分，也就是 MPEG 音频层。根据压缩质量和编码处理的不同分为 3 层，分别对应 ∗.mp1、∗.mp2、∗.mp3 这 3 种声音文件。MP3 刚出现时的编码技术并不完善，它更像一个编码标准框架。早期的 MP3 编码采用的是固定编码率的方式（CBR），128kbps 代表以 128kbps 固定数据速率编码，这个编码率最高可以到 320kbps，音质更好，文件的体积会相应增大。

本章小结

声音是构成影视作品视听语言的主要元素，与影视画面相互配合共同完成作品的叙事、抒情和表意等功能。本章主要介绍了影视作品中关于声音的基础知识、三种声音类型的运用、同期声的采集与运用以及声音数字化等相关内容。

编　辑　篇

第7章

影视编辑基础

通过前面章节的学习,我们已经掌握了数字摄像的相关知识和技术。要使拍摄的画面具有艺术性和欣赏性,需要视频编辑人员掌握相应的视频编辑知识。本章将对数字视频、电视制式以及非线性编辑的系统构成等内容进行介绍,并阐述在影视作品中使用蒙太奇的方法及技巧等内容。

学习目标

- 了解数字视频相关知识;
- 掌握影视编辑蒙太奇;
- 掌握镜头组接的基本规律;
- 掌握分镜头脚本写作方法。

教学重点

- 蒙太奇及其运用;
- 镜头组接基本规律;
- 分镜头创作。

7.1　视频及相关概念

目前,视频(video)泛指将一系列静态影像以电信号方式加以获取、记录、处理、储存、传送与动态重现的各种技术。

1. 视频画面运动原理

视频的概念最早源于电视系统,是指由一系列静止图像所组成,但能够通过快速播放使其"运动"起来的影像记录技术。事实上,早在电视、电影出现之前,古人便发现挥动着的燃烧的木炭会由一个"点"变成一条"线",如图 7-1 所示,当眼前物体的位置发生变化时,该物体反映在视网膜上的影像不会立即消失,而是会短暂滞留一定时间。这样,当多幅内容相近的画面被快速、连续播放时,人类的大脑便会在"视觉暂留"现象的影响下感觉画面中的内容在运动,这就是"视觉暂留"原理。

2. 数字视频的相关概念

随着数字技术的发展,数字视频正逐步取代模拟视频,成为新一代视频应用的标准。然而,了解数字视频以及与传统模拟视频的差别,需要先了解模拟信号与数字信号以及两者之间的差别。

（1）模拟信号

图 7-1 视觉暂留现象

从表现形式上来看,模拟信号由连续且不断变化的物理量来表示信息,其电信号的幅度、频率或相位都会随着时间和数值的变化而连续变化,如图 7-2(a)所示。模拟信号的这一特性,使得信号所受到的任何干扰都会造成信号失真。应用实践已经证明,模拟信号会在复制或传输过程中不断发生衰减,并混入噪波,从而使其保真度大幅降低。

（2）数字信号

数字信号指自变量是离散的、因变量也是离散的信号,这种信号的自变量用整数表示,因变量用有限数字中的一个数字来表示。在计算机中,数字信号的大小常用有限位的二进制数表示,因此其抗干扰能力强。除此之外,数字信号还具有便于存储、处理和交换,以及安全性高和相应设备易于实现集成化、微型化等优点,其信号波形如图 7-2(b)所示。

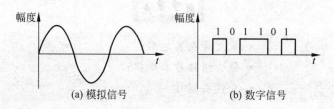

(a) 模拟信号 　　　　　(b) 数字信号

图 7-2 模拟信号和数字信号的表示

（3）数字视频的含义

简单地说,使用数字信号来记录、传输、编辑和修改的视频数据,即称为数字视频。数字视频有不同的产生方式、存储方式和播出方式。比如,通过数字摄像机直接产生数字视频信号,存储在数字带、P2卡、蓝光盘或者磁盘上,从而得到不同格式的数字视频。

（4）帧的含义

帧是视频编辑中常常出现的专业术语,与视频播放息息相关。视频是由一幅幅静态画面所组成的图像序列,而组成视频的每一幅静态图像称为"帧"。帧是视频的单幅影像画面,相当于电影胶片上的每一格影像,以往人们常常说到的"逐帧播放"指的便是逐幅画面地观看视频,如图 7-3 所示。

图 7-3　逐帧播放动画画面

在播放视频的过程中,播放效果的流畅程度取决于静态图像在单位时间内的播放数量,即"帧速率",其单位为 fps(帧/秒)。目前,电影画面的帧速率为 24fps,而电视画面的帧速率则为 25fps 或 29.97fps(约 30fps)。

3. 分辨率与像素宽高比

分辨率和像素都是影响视频质量的重要因素,与视频的播放效果有着密切联系。

(1) 像素与分辨率

像素是构成数字影像的基本单元,通常以像素每英寸 PPI(pixels per inch)为单位来表示影像分辨率的大小。在电视机、计算机显示器及其他显示设备中,像素是组成图像的最小单位。分辨率是指屏幕上像素的数量,通常用"水平方向像素数量×垂直方向像素数量"的方式来表示,例如 1280×1024、720×576 等。

一个像素在同一时间内只能显示一种颜色,因此在画面尺寸相同的情况下,拥有较大分辨率(像素数量多)图像的显示效果也就越为细腻,相应的影像也就越为清晰;反之,视频画面便会模糊不清。所以,关于像素与分辨率对视频的影响,一般来说,每幅视频画面的分辨率越大、像素数量越多,整个视频的清晰度也就越高。

(2) 像素宽高比

帧宽高比即视频画面的长宽比例,目前电视画面的宽高比通常为 4∶3,电影则为 16∶9,如图 7-4 所示。至于像素宽高比,则是指视频画面内每个像素的长宽比,具体比例由视频所采用的视频标准所决定。

(a) 4:3　　　　　　　　　　　　(b) 16:9

图 7-4　不同宽高比的视频画面

4. 高清的含义

随着视频技术、存储技术以及用户需求的不断提高,"高清"也越来越家喻户晓,"高清数字电视"、"高清电影/电视"等概念逐渐流行开来。

（1）高清的概念

高清是人们针对视频画面质量提出的一个名词，意思是"高分辨率"。由于视频画面的分辨率越高，视频所呈现出的画面也就越为清晰，"高清"代表的便是高清晰度、高画质。一般所说的高清，有高清电视、高清设备、高清格式和高清电影等四个含义。

按视频画面的清晰度来界定，大致可分为"普通清晰度"、"标准清晰度"和"高清晰度"3种层次。

普通视频的垂直分辨率400i，播出设备类型为LDTV普通清晰度电视，例如DVD视频盘就是普通视频产品。

标清视频的垂直分辨率720p或1080i，播出设备类型为SDTV标准清晰度电视，例如HD DVD视频盘等。

高清视频的垂直分辨率1080p，播出设备类型为HDTV高清晰度电视，例如HD DVD视频盘等。

（2）高清电视

高清电视，又叫HDTV，是由美国电影电视工程师协会确定的高清晰度电视标准格式。一般所说的高清，代指最多的就是高清电视。电视的清晰度是以水平扫描线数作为计量的。目前，常见的电视播放格式主要有以下几种。

D1为480i格式，和NTSC模拟电视清晰度相同，525条垂直扫描线，480条可见垂直扫描线，4∶3或16∶9，隔行/60Hz，行频为15.25kHz。

D2为480p格式，和逐行扫描DVD规格相同，525条垂直扫描线，480条可见垂直扫描线，4∶3或16∶9，分辨率为640×480，逐行/60Hz，行频为31.5kHz。

D3为1080i格式，是标准数字电视显示模式，1125条垂直扫描线，1080条可见垂直扫描线，16∶9，分辨率为1920×1080，隔行/60Hz，行频为33.75kHz。

D4为720p格式，是标准数字电视显示模式，750条垂直扫描线，720条可见垂直扫描线，16∶9，分辨率为1280×720，逐行/60Hz，行频为45kHz。

D5为1080p格式，是标准数字电视显示模式，1125条垂直扫描线，1080条可见垂直扫描线，16∶9，分辨率为1920×1080逐行扫描，专业格式。

此外，还有576i是标准的PAL电视显示模式，625条垂直扫描线，576条可见垂直扫描线，4∶3或16∶9，隔行/50Hz，记为576i或625i。

5. 电视制式

在电视系统中，发送端将视频信息以电信号形式进行发送，电视制式便是在其间实现图像、伴音及其他信号正常传输与重现的方法与技术标准，因此也称为电视标准。电视制式的出现，保证了电视、视频及视频播放设备之间所用标准的统一或兼容。目前，应用最为广泛的彩色电视制式主要有PAL、NTSC、SECAM等3种类型。

（1）PAL制式

PAL制式是将电视信号内的两个色差信号分别采用逐行倒相和正交调制的方法进行传送。当信号在传输过程中出现相位失真时，便会由于相邻两行信号的相位相反而起到互相补偿的作用，从而有效地克服了因相位失真而引起的色彩变化。此外，PAL制式在传输时受多径接收而出现彩色重影的影响也较小。

PAL 制式采用了隔行扫描的方式进行播放,共有 625 行扫描线,分辨率为 720×576 电视线,帧速度为 25fps。目前,PAL 彩色电视制式广泛应用于德国、中国、中国香港、英国、意大利等国家和地区。然而,即便采用的都是 PAL 制式,不同国家和地区的 PAL 制式电视信号也有一定的差别。例如,我国采用的是 PAL-D 制式,英国、中国香港和中国澳门使用的是 PAL-I 制式,新加坡使用的是 PAL-B/G 或 D/K 制式等。

(2) NTSC 制式

NTSC 制式由美国国家电视标准委员会(National Television System Committee)制定,主要应用于美国、加拿大、日本、韩国、菲律宾,以及中国台湾等国家和地区。由于采用了正交平衡调幅的技术方式,因此,NTSC 制式也称为正交平衡调幅制电视信号标准,优点是视频播出端的接收电路较为简单。不过,由于 NTSC 制式存在相位容易失真、色彩不太稳定等缺点,因而此类电视都会提供一个手动控制的色调电路供用户选择使用。

符合 NTSC 制式的视频播放设备至少拥有 525 行扫描线,分辨率为 720×480 电视线,工作时采用隔行扫描方式进行播放,帧速率为 29.97fps,因此每秒约播放 60 场画面。

(3) SECAM 制式

SECAM 意为"顺序传送彩色信号与存储恢复彩色信号制",是由法国在 1966 年制定的一种彩色电视制式。与 PAL 制式相同的是,该制式也克服了 NTSC 制式相位易失真的缺点,但在色度信号的传输与调制方式上却与前两者有着较大差别。总体来说,SECAM 制式的特点是彩色效果好、抗干扰能力强,但兼容性相对较差。

在使用中,SECAM 制式同样采用了隔行扫描的方式进行播放,共有 625 行扫描线,分辨率 720×576 电视线,帧速率则与 PAL 制式相同。目前,该制式主要应用于俄罗斯、法国、埃及和罗马尼亚等国家。

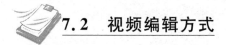

7.2 视频编辑方式

目前,人们在使用各种数字摄像机获取视频后,通常还要对其进行剪切、重新编排等一系列处理,然后才会将其用于播出。在上述过程中,对源视频进行的剪切、编排及其他操作统称为视频编辑,而以数字方式来处理就是数字视频编辑。

7.2.1 线性编辑与非线性编辑

在电影电视的发展过程中,视频节目的制作先后经历了"物理剪辑"、"电子编辑"和"数字编辑"3 个不同发展阶段,其编辑方式也先后出现了线性编辑和非线性编辑。

1. 线性编辑

线性编辑是一种磁带编辑方式,它利用电子手段,根据节目内容的要求将素材连接成新的连续画面。在线性编辑系统中,通常使用组合编辑将素材顺序编辑成新的连续画面,然后再以插入编辑的方式对某一段进行同样长度的替换。如果需要删除、缩短、加长中间的某一段画面是不可能的,除非将那一段以后的画面全部抹去重录,这是电视节目的传统编辑方式。

以磁带为存储介质的线性编辑是一种最为常用且重要的视频编辑方式,具有以下特点。

(1) 技术成熟、操作简便。

线性编辑所使用的设备主要有编辑放映机和编辑录像机,但根据节目需求还会用到多种编辑设备。不过,在进行线性编辑时可以直接、直观地对素材录像带进行操作。

(2) 只能按时间顺序进行编辑。

在线性编辑过程中,素材的搜索和录制都必须按时间顺序进行,只有完成前一段编辑后,才能开始编辑下一段。

为了寻找合适素材,工作人员需要在录制过程中反复地前卷和后卷素材磁带,这样不但浪费时间,还会对磁头、磁带造成一定的磨损。重要的是,如果要在已经编辑好的节目中插入、修改或删除素材,都要严格受到预留时间、长度的限制,无形中给节目的编辑增加了许多麻烦,同时还会造成资金的浪费。最终的结果便是如果不花费一定的时间,便很难制作出艺术性强、加工精美的影视节目。

(3) 难以对半成品进行插入或删除等操作。

线性编辑方式是以磁带的线性记录为基础的,一般只能按编辑顺序记录,虽然插入编辑方式允许替换已录磁带上的声音或图像,但是这种替换实际上只能是替掉旧的,它要求要替换的片段和磁带上被替换的片段时间一致,而不能进行增删。

(4) 系统所需设备较多。

在一套完整的线性编辑系统中,所要用到的编辑设备包括编辑放映机、编辑录像机、遥控器、字幕机、特技器和时基校正器等设备。设备间的连线多,有视频线、音频线、控制线、同步机等,各种设备性能参差不齐,指标各异,操作过程复杂。另外,大量的设备同时使用,使得操作人员众多、故障率也较高,出现故障后的维修也较为复杂。

2. 非线性编辑

进入 20 世纪 90 年代后,随着计算机软硬件技术的发展,计算机在图形图像处理方面的技术逐渐增强,应用范围也覆盖至广播电视的各个领域。随后,诞生了以计算机为中心、利用数字技术编辑视频节目方式的非线性视频编辑。

所谓非线性编辑,从狭义上讲,是指剪切、复制和粘贴素材时无须在存储介质上对其进行重新安排的视频编辑方式;从广义上讲,是指在编辑视频的同时,还能实现诸多处理效果,例如添加视觉特技、更改视觉效果等操作的视频编辑方式。非线性编辑具有以下主要特点和功能。

(1) 浏览素材

素材浏览时,不仅可以瞬间开始播放,还可以使用不同速度进行播放,实现逐幅播放、反向播放等。

(2) 调整素材长度

非线性编辑方式吸取了电影剪接时简便直观的优点,允许用户参考编辑点前后的画面,以便直接进行手动剪辑。此外,非线性编辑允许用户随时调整素材长度,并可通过时码标记实现精确编辑。

（3）定位编辑点

在确定编辑点时，用户既可以手动操作进行粗略定位，也可以使用时码精确定位编辑点。由于不再需要花费大量时间来搜索磁带，因此大大地提高了编辑效率。

（4）组接素材

在非线性编辑系统中，各段素材间的相互位置可随意调整。可以在任何时候删除节目中的一个或多个片段，或向节目中的任意位置插入一段新的素材。

（5）复制和重复使用素材

在非线性编辑系统中，复制以数字格式进行存储的素材时不会引起画面质量的下降。此外，同一段素材可以在一个或多个节目中反复使用，使用多少次也不会影响画面质量。

（6）编辑声音

基于计算机的非线性编辑系统能够方便地从 CD 唱盘、MIDI 文件中采集音频素材。而且，在使用编辑软件进行多轨声音的合成时，也不会受到总音轨数量的限制。

（7）特效制作功能

在非线性编辑系统中制作特技时，通常可以在调整特技参数的同时观察特技对画面的影响。此外，根据节目需求，人们可随时扩充和升级软件的特效模块，从而方便增加新的特技功能。

7.2.2　非线性编辑系统的构成

非线性编辑的实现，要靠软件与硬件两方面的共同支持，而两者间的组合便称为非线性编辑系统。目前，一套完整的非线性编辑系统，其硬件部分至少应包括一台多媒体计算机，此外还需要视频卡、IEEE 1394 卡以及其他专用板卡（如特技卡）和外围设备，如图 7-5 所示。

其中，视频卡用于采集和输出模拟视频，也就是担负着模拟视频与数字视频之间相互转换的功能，图 7-6 所示即为一款视频卡。

从软件方面来看，非线性编辑系统主要由非线性编辑软件、二维动画软件、三维动画软件、图像处理软件和音频处理软件等外围软件构成。

图 7-5　非线性编辑系统中的部分硬件设备　　　　　　图 7-6　视频卡

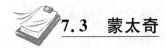

7.3 蒙太奇

对于一名影视节目编辑人员来说,除了需要熟练掌握视频编辑软件的使用方法外,还应当掌握一定的影视创作基础知识,以便能够更好地进行影视节目的编辑工作。

7.3.1 蒙太奇的含义与功能

蒙太奇是法文 montage 的译音,意为文学、音乐与美术的组合体,原本属于建筑学用语,用来表现装配或安装等。在影视创作过程中,蒙太奇是导演向观众展示影片内容的叙述手法和表现手段。

例如,一辆卡车快速开过去,这个画面不能告诉我们什么,但后边紧接着的画面是马路中间有一个装满东西的袋子,这时观众就会联想,这是从卡车上掉下来的袋子。再接下来画面是路人纷纷涌向这个袋子,争夺它。观众就会联想到,袋子里面可能藏着贵重的物品。然后紧跟着路人都四散奔逃,那就意味着袋子里可能藏的是危险物品。这样构成的画面就有了叙事的作用,同时也会调动起观众的或者兴奋、或者紧张……情绪,这就是蒙太奇的一种表现形式。

1. 蒙太奇的含义

在视频编辑领域,蒙太奇的含义存在狭义和广义之分。其中,狭义的蒙太奇专指对镜头画面、声音和色彩等诸元素编排、组合的手段。也就是说,在后期制作过程中,将各种素材按照某种意图进行排列,从而使之构成一部影视作品。由此可见,蒙太奇是将摄像机拍摄下来的镜头按照生活逻辑、推理顺序、作者的观点倾向及其美学原则连接起来的手段,是影视语言符号系统中的一种修辞手法。

例如,把以下 A、B、C 三个镜头,以不同的次序连接起来,就会出现不同的内容与意义。
A. 一个人在笑; B. 一把手枪直指着; C. 同一个人脸上露出惊惧的表情。
这三个特写镜头,给观众什么样的印象呢?
如果用 A—B—C 次序连接,会使观众感到那个人是个懦夫、胆小鬼。然而,镜头不变,只要把上述的镜头的顺序改变一下,则会得出与此相反的结论。
C. 一个人的脸上露出惊惧的表情; B. 一把手枪直指着; A. 同一个人在笑。
这样用 C—B—A 的次序连接,则这个人的脸上露出了惊惧的表情,是因为有一把手枪指着他。可是,当他考虑了一下,觉得没有什么了不起,于是,他笑了——在死神面前笑了。因此,他给观众的印象是一个勇敢的人。

这样,改变一个场面中镜头的次序,而不用改变每个镜头本身,就完全改变了一个场面的意义,得出与之截然相反的结论,得到完全不同的效果。

从广义上来看,蒙太奇不仅仅包含后期视频编辑时的镜头组接,还包含影视剧作从开始到完成的整个过程中创作者们的一种艺术思维方式。

2. 蒙太奇的功能

在现代影视作品中，一部影片通常由 500～1000 个镜头组成。每个镜头的画面内容、运动形式以及画面与音响组合的方式，都包含着蒙太奇因素。可以说，一部影片从拍摄镜头时就已经在使用蒙太奇了，而蒙太奇的作用便主要体现在以下几个方面。

(1) 概括与集中。

通过镜头、场景、段落的分切与组接，可以对素材进行选择和取舍，选取并保留主要的、本质的部分，省略烦琐、多余的部分；可以突出画面重点，从而强调特征显著且富有表现力的细节，以达到高度概括和集中画面内容的目的。

(2) 引起注意，激发联想。

在编辑影视节目之前，视频素材中的每个独立镜头都无法表达出完整的寓意。然而，通过蒙太奇手法将这些镜头进行组接后，便能够达到引导观众注意力、影响观众情绪与心理，并激发观众丰富联想力的目的。组接后使得原本无意义的镜头成为观众更好理解影片的工具。

(3) 创造画面时空。

通过对镜头的组接，运用蒙太奇方法可以对影片中的时间和空间进行任意的选择、组织、加工和改造，从而形成独特的表述元素——画面时空。与早期的影视作品相比，画面时空的运用使得影片的表现领域变得更为广阔，素材的选择取舍也异常灵活，因此更适于表现丰富多彩的现实生活。

(4) 表达寓意，创造意境。

在对镜头进行分切和组接的过程中，蒙太奇可以利用多个镜头间的相互作用产生新的含义，从而产生一种单个画面或声音所无法表述的思想内容。这样一来，创作者便可以方便地利用蒙太奇来表达抽象概念、特定寓意，或创造出特定的意境。

(5) 形成节奏。

节奏是情节发展的脉搏，是画面表现形式与内容是否统一的重要表现，也是对画面情感和气氛的一种修饰和补充。它不仅关系到镜头造型，还涉及影片长度与分配问题，因此其发展过程不仅要根据剧情的进展来确定，还要根据拍摄对象的运动速度和摄像机的运动方式来确定。

在后期编辑过程中，蒙太奇正是通过对镜头的造型形式、运动形式以及影片长度的控制，实现画面表现形式与内容的密切配合，从而使画面在观众心中留下深刻印象。人们不仅可以利用蒙太奇来增强画面的节奏感，还可将自己的思想融入故事中去，从而创造或改变画面中的节奏。

7.3.2　蒙太奇的类型

在镜头组接的过程中，蒙太奇具有叙事和表意两大功能，并可分为叙事蒙太奇和表现蒙太奇两种基本类型。

1. 叙事蒙太奇

叙事蒙太奇的特征是以交代情节、展示事件为主旨，按照情节发展的时间流程、因果关系来分切组合镜头、场面和段落，从而引导观众理解剧情。因此，采用该蒙太奇思想组接而成的影片脉络清晰、逻辑连贯且明白易懂。

在叙事蒙太奇的应用过程中，根据具体情况的不同，还可将其分为以下几种情况。

（1）平行蒙太奇

平行蒙太奇的表现方法是将不同时空（或同时异地）发生的两条或两条以上的情节线并列表现，虽然是分头叙述但却统一在一个完整的结构之中。因此，具有情节集中、节省篇幅、扩大影片信息量，以及增强影片节奏等优点；并且几条线索的平行展现，也利于情节之间的相互烘托和对比，从而增强影片的艺术感染效果。如影片《宋氏三姐妹》中，蒋介石不满宋庆龄，密谋指使特务在集市开车撞伤宋庆龄进行报复；集市上特务已在蠢蠢欲动；蒋府内，宋美龄得知后与蒋介石发生争执，力保姐姐；集市这边，汽车险险开过，虚惊一场。两条线索并行发展，这段平行剪辑气氛拿捏得当，结尾干净利落。又如影片《公民凯恩》中，有一段每个人都在寻找"玫瑰花蕾"的答案，报社记者通过查阅有关回忆资料，了解凯恩青年时代的经历及其母亲的艰难身世，如图7-7所示，里莱的采访和苏珊访问，两个场景虽不是同时展现的，但是很明显可以看出是发生在同一时间不同地点不同的事，这就是所谓的平行蒙太奇。

图 7-7　影片《公民凯恩》中平行蒙太奇画面

（2）交叉蒙太奇

交叉蒙太奇又称交替蒙太奇，是一种将同一时间不同地域所发生的两条或数条情节线，迅速而频繁地交替组接在一起的剪辑手法。在组织的各条情节线中，其中一条情节线的变化往往影响其他情节的发展，各情节线相互依存，并最终会合在一起。与其他手法相比，交叉蒙太奇剪辑技巧极易引起悬念，造成紧张激烈的气氛，并且能够加强矛盾冲突的尖锐性，是引导观众情绪的有力手法，多用于惊险片、恐怖片或战争题材的影片。如《南征北战》中抢渡大沙河一段，将我军和敌军急行军奔赴大沙河以及游击队炸水坝三条线索交替剪接在一起，表现了那场惊心动魄的战斗。又如影片《一江春水向东流》中，张忠良在重庆和李素芬母子在上海的生活场面也是交叉出现的，如图7-8所示。

（3）积累式蒙太奇

积累式蒙太奇将一些主体形象和内容较为相近或相似的镜头组接在一起，能突出地强调一种思想，明确地说明一个主题。积累式组接的画面之所以能够组接在一起，主要依据的是逻辑上的联系，这些画面往往以不同侧面说明一个相同的主题，组接之后产生一种综合效应。通过内容相近的镜头组接，在一个蒙太奇段落内，强调这一段落的中心思想；通过对一个复杂事物若干侧面的组接，使观众对所要表达的事物获得一个综合的、

图 7-8　影片《一江春水向东流》中交叉蒙太奇画面

总体的印象,即用一个又一个的局部内容画面的积累来展示事物的整体面貌。如影片《林则徐》中一场战役中大炮连续发射的过程交替组接起来,形成了战场的宏伟气势,如图 7-9 所示。

图 7-9　影片《林则徐》中积累式蒙太奇画面

（4）重复蒙太奇

重复蒙太奇是一种类似于文学复述方式的影片剪辑手法,其方式是在关键时刻反复出现一些包含寓意的镜头,以达到刻画人物、深化主题的目的。例如影片《战舰波将金号》的"奥德萨阶梯"一场戏中士兵从阶梯走下的镜头反复了八次,如图 7-10 所示。目前,这些方法也在电视广告、MTV 等片型中广泛应用。

图 7-10　影片《战舰波将金号》的"奥德萨阶梯"

（5）连续蒙太奇

连续蒙太奇的特点是沿着一条情节线索进行发展,并且会按照事件的逻辑顺序有节奏地连续叙事,而不像平行蒙太奇或交叉蒙太奇那样同时处理多条情节线。与其他类型的剪辑方式相比,连续蒙太奇有着叙事自然流畅、朴实平顺的特点,如影片《乱世佳人》的多处情节都是连续叙事。但是,由于缺乏时空与场面的变换,连续蒙太奇无法直接展示同时发生的情节,以及多情节内的队列关系,并且容易带来拖沓冗长、平铺直叙之感。

2. 表现蒙太奇

表现蒙太奇往往不是为了叙事,而是为了某种艺术表现的需要。它不是以事件发展顺序为依据的镜头组合,而是通过不同内容镜头的对列,来暗示、比喻、表达一个原来所不曾有的新含义。表现蒙太奇是画面编辑中最富有色彩变化和高度创造力的部分。它用一种作用于视觉的象征性的情绪表意方法,直接深入事物的深层,去表现一种比人们所看到的表面现象更深刻、更富有哲理的意义。表现蒙太奇是根据画面的内在联系,通过画面与画面以及画面与声音之间的变化与冲击,造成单个画面本身无法产生的概念与寓意,激发观众联想。

例如,一则新闻中有这样一组镜头:①一位妇女在街边嗑瓜子(近景)。②从地上瓜子壳拉出,直到她身侧两米左右的垃圾箱,"请勿乱扔垃圾"字样清晰可见(特写→全景,拉摄)。前后两个镜头,产生了非常明显的对比关系,画面意义可谓是一目了然。

(1) 抒情蒙太奇

抒情蒙太奇是一种在保证叙事和描写的连贯性的同时,表现超越剧情之上的思想和情感。意义重大的事件被分解成一系列近景或特写,从不同的侧面和角度捕捉事物的本质含义,渲染事物的特征。最常见、最易被观众感受到的抒情蒙太奇,往往在一段叙事场面之后,恰当地切入象征情绪情感的空镜头,如影片《一江春水向东流》中,前后出现了六次月亮,构成了不同的意境,表现出某种哀怨和情思,如图 7-11 所示。

图 7-11　影片《一江春水向东流》中抒情蒙太奇画面

(2) 心理蒙太奇

心理蒙太奇是人物心理描写的重要手段,它通过画面镜头组接或声画有机结合,形象生动地展示出人物的内心世界,常用于表现人物的回忆、梦境、幻觉、遐想、思索等精神活动。这种蒙太奇在剪接技巧上多用交叉穿插等手法,其特点是画面和声音形象的片断性、叙述的不连贯性和节奏的跳跃性,声画形象带有剧中人强烈的主观性。如影片《阳光灿烂的日子》

中用到了心理蒙太奇,马小军幻想与米兰在一起的种种幸福甜蜜的场景,却终究只能是做梦,与现实生活的冷酷形成强烈的反差。

(3) 隐喻蒙太奇

隐喻蒙太奇通过镜头或场面的对列进行类比,含蓄而形象地表达创作者的某种寓意。这种手法往往将不同事物之间某种相似的特征突现出来,以引起观众的联想,领会导演的寓意和领略事件的情绪色彩。如影片《芙蓉镇》,位于1:58:25~1:58:35处的画面,男女主人公在困苦中相恋,两只扫帚倚靠在一起,如图7-12所示。隐喻蒙太奇将巨大的概括力和极度简洁的表现手法相结合,往往具有强烈的情绪感染力。不过,运用这种手法应当谨慎,隐喻与叙述应有机结合,避免生硬牵强。

图7-12 影片《芙蓉镇》中隐喻蒙太奇画面

(4) 对比蒙太奇

类似文学中的对比描写,即通过镜头或场面之间在内容——比如贫与富、苦与乐、生与死、高尚与卑下、胜利与失败等的对比或形式上——比如景别大小、色彩冷暖、声音强弱、动静等的强烈对比,产生相互冲突的作用,以强化所表现的内容和思想或表达创作者的某种寓意,如影片《巴顿将军》的开头人物和美国国旗的对比。又如影片《阳光灿烂的日子》中用到了对比蒙太奇,马小军讨厌余北蓓那种人,用对比蒙太奇将米兰与余北蓓对比,更加深了马小军对米兰的疯狂迷恋,米兰就是他心中的天使。

7.4 镜头组接理论

无论是怎样的影视作品,结构上都是将一系列镜头按一定次序组接后所形成的。然而,这些镜头之所以能够延续下来,并使观众将它们接受为一个完整融合的统一体,是因为这些镜头间的发展和变化秉承了一定的规律。

1. 镜头组接规律

为了清楚地向观众传达某种思想或信息,组接镜头时必须遵循一定的规律,归纳后可分为以下几点。

(1) 符合观众的思维方式与影片表现规律。

镜头的组接必须要符合生活与思维的逻辑关系。如果影片没有按照此原则进行编排,必然会由于逻辑关系的颠倒而使观众难以理解。

(2) 景别的变化要采用"循序渐进"的方法。

通常来说,一个场景内"景"的发展不宜过分剧烈,否则便不易与其他镜头进行组接。相反,如果"景"的变化不大,同时拍摄角度的变换亦不大,也不利于同其他镜头的组接。

同主体、同角度和同景别的镜头组接,会有跳的感觉,不匹配,也不流畅;由于画面内景物的变化较小,因此将两镜头简单组接后会给人一种镜头不停重复的感觉。在这种情况下,除了重新进行拍摄外,还可采用过渡镜头,使表演者的位置、动作发生变化后再进行组接。

从视觉习惯和思维习惯出发,不同景别渐变组合叙事,更符合人们的日常视觉和思维,例:前进式句式——远、全、中、近、特,景别渐紧,对应由远及近的观看;例:后退式句式——特、近、中、全、远,景别渐松,对应由局部向全局的审视。

两极镜头(从极紧的景别直接跳接极松的景别或反之)带来视觉上的跳跃感,用于节奏上的转换(从极紧的景别直接跳接极松的景别,意味着节奏由紧张到松弛,反之为由松弛过渡到紧张)景别与影片风格有关,景别的排列形成节奏与韵律。

综上所述,在拍摄时"景"的发展变化需要采取循序渐进的方法,并通过渐进式地变换不同视觉距离进行拍摄,以便镜头间的顺利连接。在应用这一技巧的过程中,人们逐渐发现并总结出了一些典型的组接句型,主要有前进式句型、后退式句型、环行句型等。

前进式句型是指景物由远景、全景向近景、特写过渡的方法,多用来表现由低沉到高昂向上的情绪或剧情的发展。后退式句型是由近到远,表示由高昂到低沉、压抑的情绪,在影片中的表现为从细节画面扩展到全景画面的过程。环行句型是一种将前进式和后退式句型结合使用的方式。在拍摄时,通常会在全景、中景、近景、特写依次转换完成后,再由特写依次向近景、中景、远景进行转换。在思想上,该句型可用于展现情绪由低沉到高昂,再由高昂转向低沉的过程。

(3)镜头组接中的拍摄方向与轴线规律。

所谓"轴线规律",是指在多个镜头中,摄像机的位置应始终位于主体运动轴线的同一线,以保证不同镜头内的主体在运动时能够保持一致的运动方向。否则,在组接镜头时,便会出现主体"撞车"的现象,此时的两组镜头便互为跳轴画面。在视频的后期编辑过程中,跳轴画面除了特殊需要外基本无法与其他镜头相组接。

上下镜头中的方向感——运动方向、视线方向要一致,1号和2号两个机位的画面现实的方向可能在屏幕当中呈现相反的方向,如图7-13所示。

图7-13 互为越轴拍摄画面

为改变镜头中的空间关系、位置关系、方向关系和视线关系,拍摄中常需要合理越轴。合理越轴的方法主要有以下几种。

① 空镜头越轴

空镜头越轴必须是本叙事空间内的空镜头。空镜头缓冲了视线关系,转换了人物空间的作用,这样就调整了叙事段落,调整了镜头的节奏和结构。

② 中性镜头越轴

在前后镜头中接入(插入)一个中性视点的镜头,然后越轴。如图7-14所示,解决汽车行驶越轴的例子,拍摄一个汽车正面开来或背面离去的镜头,景别最好是特写;后期剪辑时,把这种专用镜头插在两个越轴的画面中间,从而缓解越轴给观众造成的视觉上主体方向不明确的混乱。

图 7-14 中性镜头越轴画面

③ 第二轴线越轴

在实际拍摄中可以利用摄影机运动越轴,也可以利用第二轴线跳轴,如图 7-15 所示。

(4) 镜头组接中的相似性规律。

以上下镜头中的相似因素(主体形象、声音和动作等)为中介实现镜头的流畅转接,相似因素转接镜头常常用于上下镜头与场面之间的过渡镜头,又称相似体转场。

上下镜头中主体形象相同或相似。如影片《天堂电影院》片段,神父审片时遇禁忌内容摇铃,接广场钟楼上摇摆的大钟,如图 7-16 所示。

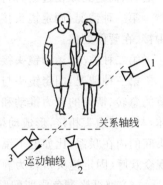

图 7-15 利用第二轴线跳轴

图 7-16 影片《天堂电影院》主体形象相似画面

动作相似组接。如影片《天堂电影院》中,上一镜头中在课堂上学生做不出算术题,老师气愤地按住学生的头撞黑板,下一镜头是影院中老放映员一下下在盖图章,如图 7-17 所示,撞黑板和盖图章这两个相似的运动实现了两个段落的过渡。

图 7-17 影片《天堂电影院》动作相似组接画面

上下镜头中共同的声音元素过渡。如影片《天堂电影院》中,小多多看着放映间的狮子形窗口,想象着窗口发出兽吼,吼声中画面过渡到影院银幕上真的有只狮子在吼,如图 7-18 所示。

图 7-18 影片《天堂电影院》共同的声音元素过渡画面

相似元素转接的特例,即遮挡或挡黑镜头转换。挡黑是指上一段主体挡黑,下一段落黑起;遮挡是指上一段主体被前景遮挡,下一段的主体在新时空出现。如影片《古今大战秦俑情》中,蒙天放被泥封做俑,行刑者捧起泥土糊住蒙天放的脸,画面以蒙天放的主观镜头转入黑暗,下一镜头黑起,一架飞机在空中划过。这一个挡黑,让时空过渡了两千年。

(5)遵循"动接动"、"静接静"的原则。

当两个镜头内的主体始终处于运动状态,且动作较为连贯时,可以将动作与动作组接在一起,从而达到顺畅过渡、简捷过渡的目的,该组接方法称为"动接动"。

第一种情况,固定镜头接固定镜头,主体不动(静接静)或者主体运动(动接动),在运动中接、在暂停处接。

第二种情况,运动镜头接运动镜头,在运动中接或在起幅、落幅处接。

第三种情况,固定镜头与运动镜头相接,包括动接静与静接动。形成节奏上的突变、情节的急转、情绪的有力推动和视觉的强刺激等。主要方法有:利用固定镜头中运动着的主体,与运动镜头相接,形成动接动的感受,例如汽车行驶(跟)+车远去(固定);利用上下镜头间的内在联系,比如上下镜头在叙事、节奏、情绪上的呼应关系进行组接,例如进球(摇)+观众欢呼(固定镜头),转为静,在起幅、落幅处接。

(6)遵循影调色彩匹配原则。

镜头的组接要遵循影调色彩匹配原则,是指镜头间影调、明度一致,色调和谐,色彩过渡流畅,这样才能达到影片的整体效果。如影片《美梦成真》里,一个暗色调的大俯角镜头,男主人公因车祸躺在路上,即将死去;后面接了俯拍男主人公躺在医院病床上的一个曝光过度的高调画面,如图7-19所示;这样大的影调对比,带给观众视觉刺激,同时也暗示后面的段落中主人公死去,进入灿烂的天国世界。

图 7-19　影片《美梦成真》画面

2. 镜头组接的节奏

在一部影视作品中,作品的题材、样式、风格,以及情节的环境气氛、人物的情绪、情节的起伏跌宕等元素都是确定影片节奏的依据。然而,要想让观众能够很直观地感觉到这一节奏,不仅需要通过演员的表演、镜头的转换和运动,以及场景的时空变化等前期制作因素,还需要运用组接的手段,严格掌握镜头的长度、数量与顺序,并在删除多余枝节后才能完成,镜头组接是控制影片节奏的最后一个环节。

然而在实施的过程中,影片内每个镜头的组接都要以影片内容为出发点,并在此为基础的前提下来调整或控制影片节奏。例如,在一个宁静祥和的环境中,如果出现了快节奏的镜头转换,往往会让观众感觉到突然,在心理上难以接受,这显然是不合适的;相反,在一些节奏强烈、激荡人心的场面中,如果出现节奏非常舒缓的画面,就有可能冲淡画面的视觉冲击效果。

3. 镜头组接的时间长度

在剪辑、组接镜头时,每个镜头时间的长短,不仅要根据内容难易程度和观众的接受能力来决定,还要考虑到画面构图及画面内容等因素。例如,在处理远景、中景等包含内容较多的镜头时,需要保留相对较长的时间,以便观众看清这些画面的内容;对于近景、特写等空间较小的画面,由于画面内容较少,可适当减少镜头的停留时间。

此外,画面内的一些其他因素也会对镜头时间的长短起到制约作用。例如,画面内较亮的部分往往比较暗的部分更能引起人们的注意,因此在表现较亮部分时可适当减少停留时间;如果要表现较暗的部分,则应适当延长镜头的停留时间。

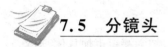

7.5　分镜头

蒙太奇理论对影视画面拍摄和剪辑的实践指导作用主要体现在分镜头脚本的创作上。一般影视作品通常都需要先有拍摄的思路,再请编剧创作文学剧本,然后由导演或专业人员借助蒙太奇手法将剧本转换为可供摄像师和剪辑人员参照的工作脚本,这就是我们所说的分镜头脚本。

分镜头即分镜头脚本,又称摄制工作台本,"分镜头剧本"又称"导演剧本"。由导演根据文学剧本提供的思想与形象,经过总体构思,将未来影片中准备塑造的声画结合的银幕形象,通过分镜头的方式予以体现。导演以人们的视觉特点为依据划分镜头,将剧本中的生活场景、人物行为及人物关系具体化、形象化,体现剧本的主题思想,并赋予影片以独特的艺术风格。分镜头剧本是导演为影片设计的施工蓝图,也是影片摄制组各部门理解导演的具体要求、统一创作思想、制订拍摄日程计划和测定影片摄制成本的依据。

分镜头脚本的作用主要表现在以下三个方面:一是前期拍摄的脚本;二是后期制作的依据;三是长度和经费预算的参考。

分镜头脚本是在文学脚本的基础上运用蒙太奇思维和蒙太奇技巧进行脚本的再创作,即根据拍摄提纲或文学脚本,参照拍摄现场实际情况,分隔场次或段落,并运用形象的对比、呼应、积累、暗示、并列、冲突等手段,来建构屏幕上的总体形象。依据文字脚本加工成分镜头脚本,不是对文字脚本的图解和翻译,而是在文字脚本基础上进行影视语言的再创造。虽然分镜头脚本也是用文字书写的,但它已经接近电影、电视,或者说它是可以在脑海里"放映"出来的电视,已经获得某种程度上可见的效果。

分镜头脚本的写作方法是从电影分镜头剧本的创作中借鉴来的。一般按镜头号、机号、景别、镜头运动技巧、画面内容、解说词、音乐音响、特效、时间长度等顺序,画成表格(见表7-1),分项填写。对有经验的导演,在写作时格式上也可灵活掌握,不必拘泥于此。

表 7-1　分镜头脚本格式

镜号	机号	景别	特效	长度/秒	画面	解说词	音乐与音响	技巧	备注
1									
2									
3									

镜号：即镜头顺序号，按组成影视画面的镜头先后顺序，用数字标出。它可作为某一镜头的代号，拍摄时不一定按顺序号拍摄，但编辑时必须按顺序进行。

机号：现场拍摄时，往往是用2台到3台摄像机同时进行工作，机号代表这一镜头是由哪一号摄像机拍摄。前后两个镜头分别用两台以上摄像机拍摄时，对镜头的组接，就在现场通过特技机将两个镜头进行编辑。单机拍摄就无须标明。

景别：根据内容需要、情节要求，反映对象的整体或突出局部。一般有远景、全景、中景、近景、特写等。

特效：后期制作时用软件加入的特技效果，像叠化、淡入淡出、划像、变色、快慢动作等。

长度：每个镜头的拍摄时间，以秒为单位。

画面：详细写出画面里场景的内容和变化，简单的构图等。

解说词：按照分镜头画面的内容，以文字稿本的解说为依据，把它写得更加具体、形象。

音乐与音响：使用什么音乐，应标明起始位置。音响也称为效果，它是用来创造画面身临其境的真实感，如现场的环境声、雷声、雨声、动物叫声等。

技巧：包括镜头的运用，如推、拉、摇、移、跟等。

在编写分镜头脚本时需要注意，分镜头脚本的创作要时刻考虑拍摄和剪辑的可操作性，尊重蒙太奇理论和规律，这样才能拍摄和编辑优秀的影视作品。表7-2所示为数字摄像教学视频的画面景别部分分镜头脚本案例。

表 7-2 分镜头脚本案例

镜号	景别	特效	长度/秒	画面	解说词	音乐音响
1	远景	淡入	5 6	教学楼远景 花	景别，是指被摄主体和画面形象在电视屏幕框架结构中所呈现出的大小和范围。	茶茗
2	近景	百叶窗	21	画面景别示意图	以人为主体介绍各个景别：画面景别包括远景、全景、中景、近景、特写。	
3	远景	百叶窗	4	物远景	远景是在所有景别中视距最远、表现空间范围最大的一种景别。	
4	远景	淡入	6	自然风貌（英雄镜头）	一般远景被用来表现地理环境、自然风貌、广阔空间或大场景的群众活动等。	
5	远景	淡入	7	广场看球	远景画面注重对场景整体、宏观的表现，反映景物的全貌。	
6	远景	淡入	6	长江图片		
7	远景	缩放	5	两人物	远景景别中，人物被处理成占空间很小的视觉形象，被完全"物化"了。	茶茗
8	远景	旋转	5	新生报到	在远景中，人物和环境相结合，以景为主，情景交融，可产生特殊的情绪效果。	
9	远景	百叶窗	17	人物胡杨林（英雄镜头）	远景往往用于影片的开头、结束或场景间的转换镜头，用于交待时间发生的环境，形成舒缓节奏。	
10	远景		15	宫廷（英雄镜头）		

续表

镜号	景别	特效	长度/秒	画面	解说词	音乐音响
11	全景	缩放	6	人物全景	全景是表现人物全身或某一具体场景全貌的画面。	背景音
12	全景	淡入	3	两人物		
13	全景	旋转	7	文艺演出	全景镜头也称为定位镜头,是对场景中被摄主题的地理位置、物体间的相互关系等方面的描述。	
14	全景	缩放	7	双节棍表演		
15	全景	擦除	6	晚会	被摄主体和环境在视觉关系上是相当的。虽然其表现重点是被摄主体,但环境场景对被摄主体起到了烘托和说明作用。	
16	全景	淡入	3	轮滑表演		
17	全景	淡入	13	棋坊之战(英雄镜头)	全景是对拍摄场景的全面描述,能够清楚、完整表现被摄主体的形体动作、活动轨迹。	
18	中景	缩放	6	幼儿园小朋友	中景是指社区人物膝盖以上或物体的大部分或场景局部的画面。	月光边境钢琴曲
19	中景	旋转	5	两人物	中景使观众看到人物膝部以上的形体动作和情绪交流,有利于交代人与人、人与物之间的关系	
20	中景		4	多人交流		
21	中景		3	两人物		
22	中景		8	双节棍表演	在中景画面中,其表现主体是人物的具体形态和活动,而环境处于次要地位。	
23	中景	旋转	9	小品表演	中景画面空间更加紧凑,具有较强的画面结构和人物交流特征。	
24	中景	缩放	12	两人习字(英雄镜头)	中景画面常被作为叙事性描写镜头出现在电视节目中。	
25	近景	缩放	3	两人交流场景	近景是摄取人物胸部以上或具有主要功能和作用的物体局部的画面。	月光边境钢琴曲
26	近景	旋转	6	两人交流场景		
27	近景	缩放	5	地球仪		
28	近景	擦除	5	学生相声	近景使被摄主体与观众在视觉距离上相对较近,因此常被用来表现被摄主体的细节特征、质感,或人物的面部神态和情绪。	
29	近景	淡入	4	花		
30	近景	焦点变化	8	水边花		
31	近景		10	《英雄》镜头	通常近景画面景深范围较小,其环境空间被淡化,居于绝对的陪体地位	
32	特写	缩放	4	花	特写是表现人物肩部以上的头像或被摄主体细节的画面。	月光边境钢琴曲
33	特写	旋转	3	人物特写		
34	特写	缩放	4	人物特写	拍摄特写时通常将被摄主体的某一部分充满画面,对其做更为细致的交代,用来从细微之处特征揭示被摄对象的内部特征基本值的内容,起到强化内容、突出细节等作用。	
35	特写	旋转	4	石狮子		
36	特写	旋转	4	中山石像		
37	特写	淡入淡出	16	刺秦(英雄镜头)		
38	近景	淡入	6	小花	在实际操作中,摄像人员可以根据所表现的内容、目的和不同需要来确定被摄物体的画面取舍与范围,排除一切多余的、次要的部分,保留那些本质的、重要的、能够引起观众充分注意的内容。	月光边境钢琴曲
39	中景	淡入	4	桃花		
40	特写	淡入	3	桃花		
41	近景	淡入	5	花		
42	特写	淡入	18	英雄镜头		

 **本章小结**

　　为了使拍摄的画面具有艺术性和欣赏性，需要对影视画面进行后期编辑。本章在对数字视频、电视制式以及非线性编辑的系统构成等内容进行介绍的基础上，重点阐述了蒙太奇在影视作品中的使用方法及技巧以及分镜头脚本等内容。

第8章

Premiere非线性编辑技术

Premiere 是一款通用性比较强的非线性编辑软件,广泛应用于影视节目后期编辑和制作领域。本章在阐述非线性编辑工作流程的基础上,详细阐述视频编辑方法、视频效果使用、过渡特效使用、音频控制、字幕制作和输出等知识。

学习目标

- 理解非线性编辑的工作流程;
- 掌握视音频过渡和效果添加与编辑的方法;
- 掌握视频剪辑方法,能够独立完成视频的剪辑工作。

教学重点

- 影视节目后期编辑和特技效果;
- 影视节目视频剪辑技术。

随着数字化技术的不断发展及其在各个行业的广泛应用,在 20 世纪 90 年代中期,非线性编辑出现在我们身边,并得到迅速发展。所谓非线性编辑就是对视频素材不按照原来的顺序和长短,随意进行编排和剪辑的方式,制作完成以后的节目可以任意改变其中某个段落的长度或者插入、删除其他段落。与线性编辑相比较,非线性编辑方便且高效。随着数字技术越来越成熟,非线性编辑在广播、电影、电视节目制作中的应用将会越来越广泛。

非线性编辑系统是以计算机硬盘作为记录媒介,利用计算机、音视频处理卡和视音频编辑软件构成的对影视作品进行后期编辑和处理的系统。编辑时,素材的长短和顺序可以不按照制作的长短和顺序的先后进行,对素材可以随意地改变顺序,随意地缩短或加长某一段。

非线性编辑软件种类很多,如 Adobe 公司的 Premiere Pro 系列、Apple 公司的 Final Cut Pro 系列以及 EDIUS 系列,等等。目前,基于 Microsoft Windows 操作系统的非线性编辑软件 Adobe Premiere 应用较为广泛。

Adobe Premiere Pro CC 是 Adobe 公司 2013 年推出的一款基于非线性编辑设备的音频、视频编辑软件,广泛地应用于电视、电影、多媒体、网络视频以及家庭 DV 等领域的后期制作中。Premiere Pro CC 可以实时编辑 HDV、DV 格式的视频影像,并可与 Adobe 公司的其他图形、图像以及影视后期处理软件,如 After Effect 等整合使用。

8.1 非线性编辑的工作流程

无论哪种非线性编辑系统,其视频编辑工作流程都可以简单地分为输入、编辑和输出 3 个步骤,Premiere Pro CC 非线性视频编辑主要有以下几个工作流程。

(1)素材采集与输入

素材是视频节目的基础,因此收集、整理素材后将其导入编辑系统,便成为正式编辑视频节目前的首要工作。利用 Premiere Pro 的素材采集功能,可以方便地将磁带或其他存储介质上的模拟音/视频信号转换为数字信号后存储在计算机中,并将其导入至编辑项目,使其成为可以处理的素材。除此之外,Premiere Pro 还可以将其他软件处理过的图像、声音等素材直接纳入到当前的非线性编辑系统中,并将其应用于视频编辑的过程中。

(2)素材编辑

很多情况下,并不是素材中的所有部分都会出现在编辑完成的视频中。有时,视频编辑人员需要使用剪切、复制和粘贴等方法,选择素材内最合适的部分,然后按一定顺序将不同素材组接成一段完整视频,这便是编辑素材的过程。

(3)特技处理

由于拍摄手段与技术及其他原因的限制,很多时候人们都无法直接得到所需要的画面效果。例如,在含有航空镜头的影片中,很多镜头无法通过常规方法来获取。视频编辑人员便可以通过特技处理的方式,实现很难拍摄或根本无法拍摄到的画面效果。

(4)添加字幕

字幕是影视节目的重要组成部分,Premiere Pro CC 拥有强大的字幕制作功能,操作、管理方便。Premiere Pro CC 还内置了大量的字幕模板,编辑人员只需借助字幕模板,便可以获得满意的字幕效果。

(5)输出影片

视频节目在编辑完成后,根据需要也可以将其输出为视频文件,或者直接刻录成 VCD 光盘、DVD 光盘等。

8.2 项目创建

打开 Premiere Pro CC 首先要创建项目。项目中包含序列和相关素材的 Premiere Pro 文件,也包含素材之间存在的链接关系,如图 8-1 所示。

新建项目后,Premiere 会弹出新建项目对话框,设置项目的一般属性和该项目的储存位置与项目名称。如图 8-2 所示为 Premiere 新建项目窗口。

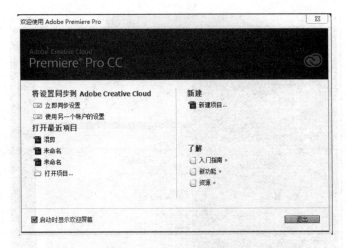

图 8-1　Premiere 的开启界面

图 8-2　Premiere 新建项目窗口

选择"文件"→"新建"→"序列"命令或按 Ctrl＋N 快捷键,在弹出的"新建序列"对话框中,选择不同的有效预设,对项目序列的参数进行设置,如图 8-3 所示。设置项目文件每秒钟的帧数、视频的帧尺寸、音频的采样、数字视频采用的压缩方式等。这时可以选择如图 8-3 所示的预设设置,DV-PAL,标准 48kHz,该预设的视频帧尺寸是 720×576,帧速率是 25 帧/s。

在 DV-PAL 预设下,包括标准 32kHz、标准 48kHz、宽银幕 32kHz 和宽银幕 48kHz 4 种选择。其中有两种屏幕的屏幕比例,标准屏是 4∶3,宽银幕是 16∶9。

提示:若素材是 4∶3 的比例,而剪辑时选择 16∶9 的预设,则画面上的物体会被拉宽,造成图像失真。反过来也是一样。

32kHz 和 48kHz 是数字音频领域常用的两个采样率。32kHz 是 mini-DV 和数码视频所使用的采样频率,而 48kHz 则是 mini-DV、数字电视、DVD 电影和专业音频所使用的数

图 8-3　Premiere 新建序列窗口

字声音采样频率。采样频率是描述声音文件的音质、音调，衡量声卡、声音文件的质量标准。采样频率越高，即采样的间隔时间越短，则在单位时间内计算机得到的声音样本数据就越多，对声音波形的表示也越精确。

　　提示：项目中的属性一旦设置，有的设置可以更改，但是有的设置将无法更改，需要编辑人员多加考虑。

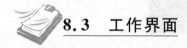 **8.3　工作界面**

　　Premiere Pro CC 的工作界面由菜单栏、工具箱、3 个窗口（项目窗口、监视器窗口和时间线窗口）、多个控制面板（信息面板、效果面板、历史面板、特效控件面板和音轨混合器面板等）以及主声道电平显示器组成，如图 8-4 所示。

　　1. 菜单栏

　　Premiere Pro CC 的操作都可以通过选择菜单栏命令来实现。Premiere Pro CC 的菜单主要有 9 个，它们分别是"文件"、"编辑"、"项目"、"素材"、"序列"、"标记"、"字幕"、"窗口"和"帮助"，所有操作命令都包含在这些菜单和其子菜单中。

　　2. 项目窗口

　　项目窗口主要用于组织、管理本项目所使用的所有原始片段。通常，只有输入到此窗口

图 8-4　Premiere Pro CC 的工作界面

的片段才可以在后期编辑制作过程中使用。每个片段都包含缩略图、名称、注释说明、标签、引用状态等属性,如图 8-5 所示。导入文件可以使用 File 菜单中的 Import(导入)命令,打开文件导入的对话框,选择其中文件,如 AVI、MOV 视频文件、jpg 图片文件或者音频文件等,即可将素材导入 Premiere 中(快捷键为 Ctrl+I)。

通常,编辑影片所用的部分素材应事先导入项目窗口内,再进行编辑。项目窗口中素材的显示方式有列表和图标两种视图。素材较多时,也可建立文件夹为素材分类,并且重命名,使其排列得更清晰。导入、新建素材后,所有的素材都存放在项目窗口中,编辑人员可随时查看和调用项目窗口中的所有素材。在项目窗口双击任一素材可在素材监视器窗口预览播放。

工具条位于项目窗口最下方,提供一些常用的功能按钮,如素材区的"列表视图"和"图标视图"显示方式的图标按钮,还有"自动匹配到序列……"、"查找……"、"新建文件夹"、"新建分项"和"清除"等图标按钮。单击"新建分项"图标按钮,会弹出快捷菜单,可以在素材区

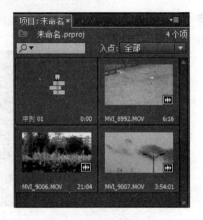

图 8-5　项目窗口界面

中快速新建如"序列"、"脱机文件"、"字幕"、"彩条"、"黑场"、"彩色蒙版"、"通用倒计时片头"、"透明视频"等类型的素材。

提示:静态图片作为动态视频引入到时间线上的默认时间,可以运行"编辑"菜单中的"首选项"命令,在"参数选择"面板的"常规"选项组中由"静止图像默认持续时间"来设置,如图 8-6 所示,现在的设置为 300 帧。

3. 监视器窗口

监视器窗口由两个视窗组成,左边是源素材窗口,用于播放原始素材;右边是节目窗口,用于对时间线窗口中的不同序列内容进行编辑和浏览,如图 8-7 所示。

左侧是"Source View"素材源监视器,主要用于预览或剪裁项目中选中的某一原始片段素材。选择某个素材,在项目面板左上角有它的预览效果,可以单击预览效果左边的 Play(播放)按钮,播放视频,还可以拖动滚动条使视频播放。当播放到有代表性的帧时,可以

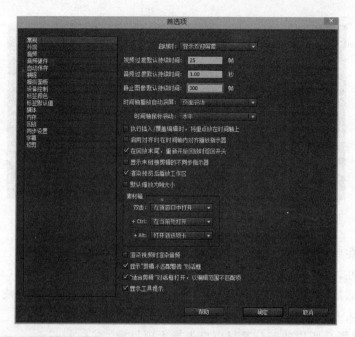

图 8-6　在时间线上静态图默认的时间长度设置

图 8-7　监视器窗口

按下预览效果左边小照相机图标,把当前帧设置为该视频文件的缩略图,如图 8-7 左侧所示。

素材源监视器的上部是素材名称。单击右上角的三角形按钮,会弹出快捷菜单,内含关于素材窗口的所有设置,可根据项目的不同要求以及编辑的需求对素材源窗口进行模式选择。中间部分是监视器,可以将项目窗口中的任一素材直接拖至素材源监视器中将其打开。

监视器下面的第一排从左到右依次是素材时间编辑滑块位置时间码显示、窗口比例选择、素材总长度时间码显示,第二排依次是时间标尺、时间标尺缩放器以及时间编辑滑块,第三排是素材源监视器的控制器及功能按钮。

(1) 入点和出点:当素材在素材源监视器播放时,单击监视器下方功能按钮的入点("{"符号)和出点("}"符号)对素材进行剪裁。如果将视频由项目窗口拖入时间线窗口,节目源入点与出点范围之外的内容相当于切去了,在时间线中显示的是入点和出点设置的视频段落。

（2）插入与覆盖：如图 8-8 所示，通过入点和出点的设置可完成对视频段落的选取，然后单击"插入"按钮，即将所选段落插入到时间标尺标记的插入点处，并将后面的素材后移；而选择"覆盖"按钮则会将插入点后面的素材覆盖掉。

图 8-8　插入与覆盖

（3）确定抓取音视频：使用插入工具把素材的选定片段插入时间线窗口中，抓取视频和音频、抓取视频、抓取音频 3 个按钮是单选的关系，每次只能显示其中的一个，通过它们下方的下拉箭头进行选择。这些按钮为源素材窗口中所特有。

右侧是"Program View"节目监视器，主要用于 Timeline 窗口的节目内容预演，还可以实现剪辑，也是输出视频效果的预览窗口。

节目监视器在很多地方与素材监视器相似，同样包括设置出入点、插入、覆盖等功能。素材源监视器用于预览原始视频素材，而节目监视器用于预览下方时间线中编辑过的视频段落。

4．工具箱

工具箱是视频与音频编辑工作的重要编辑工具，可以完成许多特殊编辑操作。除了默认的"选择工具"外，还有"轨道选择工具"、"波纹编辑工具"、"滚动编辑工具"、"比率拉伸工具"、"剃刀工具"、"错落工具"、"滑动工具"、"钢笔工具"、"手形工具"和"缩放工具"，如图 8-9 所示。

图 8-9　工具箱

（1）选择工具

选择工具最主要的作用是用来选中轨道里的片段。单击轨道里的某个片段，该片段即被选中。按下 Shift 键的同时单击轨道里的多段视频片断可以实现多选。除了选择素材、移动素材外，放到素材开头和结尾处可以改变素材长度。

（2）轨道选择工具

用轨道选择工具单击轨道里的片段，被单击的片段以及其后面的片段全部被选中。如果按下 Shift 键单击不同轨道里的片段，可以选择多个轨道上所有素材。

（3）波纹编辑工具

将光标放到轨道里某一片段的开始处，光标变成箭头形状，如果该片段入点前面有余量，按下鼠标左键向左拖动可以使入点提前，从而使该片断增长；按下鼠标左键向右拖动使入点后移，使该片断缩短。

同样，将光标放到轨道某一片段的结尾处，如果该片段出点后面有余量，按下鼠标左键向右拖动可使出点拖后，从而使该片断增长；按下鼠标左键向左拖动可以使出点提前，使该片断缩短。

当用波纹编辑工具改变某片段的入点或出点，改变该片断长度的时候，前后相邻片段的出入点并不发生变化，仍然保持相互吸合，片段之间不会出现空隙，影片总长度将相应改变，如图 8-10 所示。

图 8-10　拉动波纹编辑工具的黄色括号改变入点

（4）滚动编辑工具

与波纹编辑工具不同，用滚动工具改变某片段的入点和出点，相邻素材的出点或入点也相应改变，使影片的总长度不变。

将光标放到轨道里某一片段的开始处，当光标变成双向箭头形状，如果被拖动的片段入点前面有余量，按下鼠标左键向左拖动可以使入点提前，从而使该片断增长，同时前一相邻片段的出点相应提前，长度缩短；如果前一相邻片段出点前面有余量，按下鼠标左键向右拖动可以使入点拖后，使该片断缩短的同时前一片段的出点相应拖后，长度增加。

同样，将光标放到轨道里某一片段的结尾处，也可以实现一样的操作，如图 8-11 所示。如需精确调整片段间连接的场景时间关系，可用滚动工具粗调后再调出"修正监视器"，在修正监视器里进行细调。

图 8-11　拉动滚动编辑工具的红色括号改变出入点

（5）比率拉伸工具

用比率拉伸工具拖拉轨道里素材片段的首尾，可使该片断在出点和入点不变的情况下

图 8-12　"剪辑速度/持续时间"对话框

加快或减慢播放速度，从而缩短或增长时间长度。当然，还有其他方法，如选中轨道里的某片段，然后右击，在弹出的快捷菜单中选择"速度/持续时间"命令，在弹出的对话框中进行调节播放速度，如图 8-12 所示。

（6）剃刀工具

用剃刀工具单击轨道里的片段，单击处被剪断，原本的一段片段被剪为两段。在未解除音视频链接的情况下，与视频对应的音频片段也会被剪断。按下 Shift 键的同时单击轨道里的片段，则全部轨道里的音视频片段都在这一时间点被剪断,将一个素材进行切分,但是不可对锁定轨道进行裁切。

(7) 错落工具

将错落工具置于轨道里的某个片段中拖动,如果出点后和入点前有必要的余量可供调节使用,可同时改变该片段的出点和入点,而片段长度不变,同时相邻片段的出入点及影片长度不变。

(8) 滑动工具

滑动工具与错落工具正好相反,将滑动工具放在轨道里的某个片段里拖动,如果前一相邻片段的出点后与后一相邻片段的入点前有必要的余量可以供调节使用,被拖动的片段的出入点和长度不变,而前一相邻片段的出点与后一相邻片段的入点随之发生变化,被挤向前或被推向后,而影片长度不变。

(9) 钢笔工具

钢笔工具用于框选、移动和添加关键帧。选择钢笔工具,在时间线窗口内的视频轨道或音频轨道上单击,可以在单击处创建关键帧。在关键帧的菱形点处右击,可以在弹出的快捷菜单中选择淡入和淡出等特效。

(10) 手形工具

用手形工具可以左右移动"时间线"窗口里轨道的显示位置,而轨道里的片段本身不会发生任何改变。

(11) 缩放工具

用缩放工具在时间线窗口单击,时间标尺将放大。按下 Alt 键的同时单击放大镜,时间标尺将缩小。此处仅将片段在时间线窗口放大或缩小显示,轨道里的片段本身不会发生任何改变。

与缩放工具具有相同作用的是时间线窗口底部的缩放条,如图 8-13 所示,拖动底部缩放条的两端,时间标尺也会随之缩小和放大。

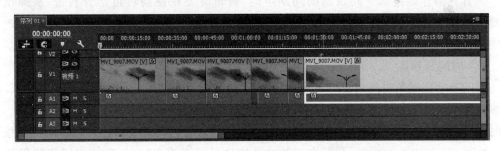

图 8-13 时间线窗口底部的缩放条

5. 时间线窗口

时间线是制作视频节目的主要窗口,可以以图形方式查看整个项目的状态,包括视频轨道和音频轨道,它们呈现为从左延伸到右边的跨时间轴的平行线,当需要使用视频编辑、声音剪辑或静止图像时,只要在项目窗口中单击它,然后将其拖到时间线窗口的某个轨道上即可。

如图 8-14 所示,时间线窗口是以轨道的方式实施视频音频组接、编辑素材的阵地,编辑工作都需要在时间线窗口中完成。素材片段按照播放时间的先后顺序及合成的上下层顺序在时间线上由左到右、从上至下排列在各自的轨道上,可以使用各种编辑工具对这些素材进行编辑操作。时间线窗口分为上下两个区域,上方为时间显示区,下方为轨道区。

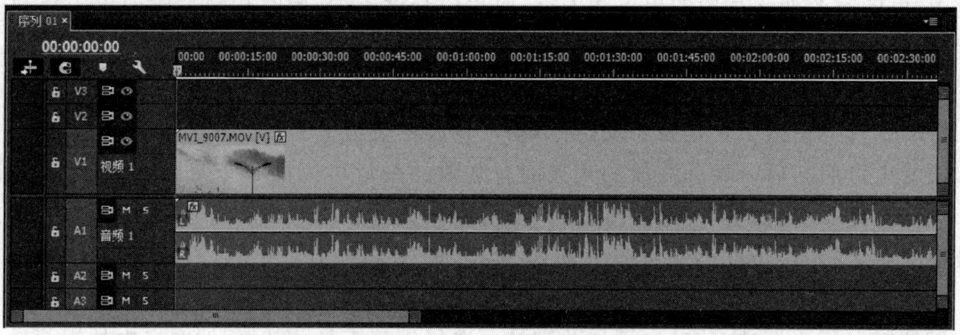

图 8-14　时间线窗口界面

(1) 轨道区

轨道是用来放置和编辑视频、音频素材的地方。可对现有的轨道进行添加和删除操作,单击视频轨道左侧的空白处,利用右键添加或删除视频轨道,可对音频轨道进行同样操作,还可将它们任意地锁定、隐藏、扩展和收缩。

轨道的左侧是轨道控制面板,利用其上按钮可以对轨道进行相关的控制设置。它们是:"过渡轨道输出"按钮、"过渡同步锁定"按钮、"设置显示样式"按钮、"显示关键帧"选择按钮,还有"到前一关键帧"和"到后一关键帧"按钮。轨道区右侧上半部分是 3 条视频轨,下半部分是 3 条音频轨。在轨道上可以放置视频、音频等素材片段。在轨道的空白处右击,在弹出的快捷菜单中可以选择"添加轨道"、"删除轨道"命令来实现轨道的增减。

当音频为伴随视频一同录制的同期声时,剪辑时要在视频轨道部分右击,从弹出的快捷菜单中选择"解除音视频链接"命令,这样对音频的编辑不会对相应视频部分产生影响。

(2) 时间显示区

时间显示区域是时间线窗口工作的基准,承担着指示时间的任务。它包括时间标尺、时间编辑线滑块及工作区域。左上方黄色的时间码,显示的是时间编辑滑块所处的位置。单击时间码可输入时间,使时间编辑线滑块自动停到指定的时间位置。也可在时间栏中按住鼠标左键并水平拖动鼠标来改变时间,确定时间编辑滑块的位置。时间码下方的 5 个按钮分别是:"将序列作为嵌套或个别剪辑插入并覆盖"、"对齐"、"链接选择项"、"添加标记"和"时间轴显示设置",如图 8-15 所示

图 8-15　时间码和图标

单击"对齐"按钮,在时间线上拖动视频素材时,当两个视频素材靠近,就会自动生成一个黑色的边缘吸附线,并自动将素材吸附在一起,使两个素材之间不会交叉覆盖,也不会有缝隙。

时间线标尺的数字下方有一条细线,通常为红色、黄色或绿色。当细线为红色时,其下

方对应的视频段落需要渲染,黄色表明视频不一定需要渲染,绿色表明对应视频已经完成渲染。

时间标尺上的编辑线用于定义序列的时间,拖动时间线滑块可以在节目监视器窗口中浏览影片内容。时间标尺上方的标尺缩放条工具和窗口下方的缩放滑块工具效果相同,都可以控制标尺精度,改变时间单位。标尺下方是工作区控制条,它确定序列的工作区域,在预演和渲染影片时,一般要指定工作区域,控制影片输出范围。

6. 效果面板

效果面板里存放 Premiere Pro CC 自带的各种音频和视频效果、过渡效果和预设效果,如图 8-16 所示。可以方便地为时间线窗口中的各种素材片段添加效果。按照特殊效果分类为五大类(文件夹),而每一大类又细分为很多小类。

7. 效果控件面板

当为某一素材添加了音频、视频效果之后,还需要在特效控件面板中进行相应的参数设置和添加关键帧,如图 8-17 所示。需要制作画面的运动、透明度或音频效果也在这里进行设置。

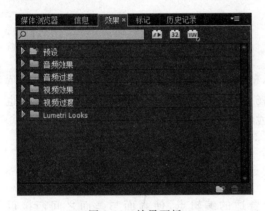

图 8-16 效果面板

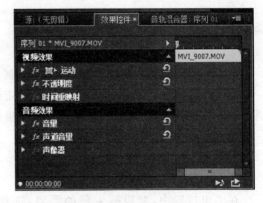

图 8-17 效果控制面板

8. 信息面板

信息面板用于显示在项目窗口中所选中素材的相关信息,包括素材名称、类型、时间长度、开始点及结束点、视频分辨率和帧速率等信息,如图 8-18 所示。

9. 音轨混合器面板

音轨混合器面板主要用于完成对音频素材的各种加工和处理工作,如混合音频轨道,调整各声道音量平衡或录音等,如图 8-19 所示。音轨混合器面板可以实现混合不同的音轨,并产生交叉渐变以及摇动效果,如左右声道之间移动;提升或降低 3 个轨道的音量,将音量用分贝来量化;控制区底部文本框输入数值设定音量大小;工具按钮设置音频出入点;录制按钮可以进行录制声音等。

图 8-18　信息面板

图 8-19　音轨混合器面板

 8.4　视频过渡与效果

视频编辑人员需要对素材进行剪切、复制、粘贴等操作,按一定顺序将不同素材组接成一段完整视频。为了使不同素材组接自然、流畅,经常在素材接口处添加过渡效果,有时也通过视频效果的处理,来向观众呈现很难拍摄或根本无法拍摄到的画面效果。

8.4.1　视频过渡

在编辑过程中,要根据主题的需要,选择合适的编辑点,使画面与画面之间衔接得体,使故事的情节和画面的动作直接连贯,从内容和形式上保持连续性。编辑的成功,取决于每一个画面的转换编辑点的选择,该停的不停就显得拖沓,不该停的反而停了就有跳跃感。

1. 视频过渡添加方法

过渡可以在同一轨道上的两个相邻素材之间使用,也可以单独为一个素材施加过渡。这时,素材与其轨道下方的素材进行过渡,但是轨道下方的素材只是作为背景使用,并不能被过渡所控制。

(1) 在项目窗口中切换到"效果"选项卡,单击"视频过渡"文件夹前的小三角按钮,展开"视频过渡"的分类文件夹,如图 8-20 所示。

(2) 例如添加"交叉溶解"过渡效果,单击"溶解"分类文件夹前的小三角按钮,展开其小项。用鼠标左键按住"交叉溶解",并拖动到时间线窗口序列中需要添加过渡的相邻两端素材之间连接处再释放。这时,在素材的交界处变为淡紫色,并有"交叉溶解"字样,如图 8-21 所示。该紫色矩形条状与过渡的时间长度以及开始和结束的位置对应,表示"交叉溶解"特效被使用。

图 8-20　效果窗口

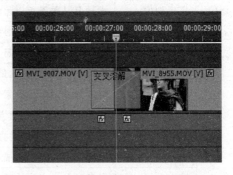

图 8-21　使用"交叉溶解"特效

（3）在过渡的区域内拖动编辑线,或者按 Enter 键或空格键,可以在节目监视视窗中观看视频过渡特效。

2. 视频过渡类型

过渡是指一个片段以某种效果逐渐地换为另一个片段,一段片段结束,另一端片段紧接着开始,这就是所谓影视的镜头过渡。为了使过渡衔接自然或更加有趣,可以使用各种过渡效果,制作出令人赏心悦目的过渡效果,大大增强影视作品的艺术感染力。

视频过渡类型种类很多,有 3D 运动、伸缩、划像、擦除、映射、溶解、滑动、特殊效果、缩放、页面剥落等 10 大类,每大类中又有若干个小类,如表 8-1 所示为视频过渡类型。

表 8-1　视频过渡类型表

大类	分 类	过 渡 效 果
3D 运动	向上折叠	以素材 A 像纸一样折叠到素材 B,效果就像两样东西折叠在一块一样
	帘式	以素材 A 呈拉起的形状消失,素材 B 出现,效果就像打开门帘一样
	摆入	以素材 B 像摆锤一样从里面摆入,取代素材 A,效果就像摆锤摆入一样
	摆出	以素材 B 像摆锤一样从外面摆出,取代素材 A,效果就像摆锤摆出一样
	旋转	以素材 B 旋转出现在素材 A 上
	翻转离开	以素材 A 旋转离开,由素材 B 来代替
	立方体旋转	以立方体旋转
	筋斗过渡	以素材 A 像翻筋斗一样翻出,显现出素材 B,效果就像翻筋斗一样
	翻转	以素材 A 反转到素材 B,效果就像翻转了一样
	门	以素材 A、B 呈关门状转换,效果就像关门一样
伸缩	交叉伸展	以素材 B 从一个边伸张进入,同时素材 A 则收缩消失
	伸展	以素材 B 像幻灯片一样划入素材 A,并逐渐取代素材 A 的位置
	伸展覆盖	以素材 B 从 A 的中心线放大进入,并逐渐取代素材 A 的位置
	伸展进入	以素材 B 放大进入,素材 A 淡出,并逐渐取代素材 A 的位置

大类	分类	过渡效果
划像	交叉划像	以素材 B 呈十字形在素材 A 上展开
	划像形状	素材 A 从关键点以 3 个菱形方式散开,显示出素材 B
	圆划像	素材 A 从关键点以圆形扩散开,显示出素材 B
	星形划像	素材 B 从关键点以星形扩散,最后覆盖素材 A
	点划像	素材 B 从 4 边向中心靠拢,变成 X 形,最后覆盖素材 A
	盒型划像	素材 B 以矩形从素材 A 的中央挤向四周
	菱形划像	素材 B 以菱形散开,最后覆盖素材 A
擦除	划出	以素材 B 逐渐扫过素材 A,并逐渐取代素材 A 的位置
	双侧平推门	以素材 B 以开、关门方式过渡到素材 A
	带状擦除	以素材 B 以水平、垂直或者对角线呈带状逐渐扫除素材 A
	径向划变	以素材 B 呈光线扫描显示,并逐渐取代素材 A 的位置
	插入	以素材 B 呈方形从素材 A 的一角插入,并逐渐取代素材 A 的位置
	时钟式划变	以素材 B 呈时钟转动方式逐渐扫除素材 A 并取代素材 A 的位置
	棋盘	以素材 B 呈棋盘形逐渐显露并逐渐取代素材 A 的位置
	棋盘划变	以素材 B 呈方格棋盘形逐渐显露并逐渐取代素材 A 的位置
	楔形划变	以素材 B 从素材 A 的中心呈楔形旋转划入,并逐渐取代素材 A 的位置
	水波块	以素材 B 以碎块呈之字形出现在素材 A 上,并逐渐取代素材 A 的位置
	油漆飞溅	以素材 B 以泼洒涂料方式进入并逐渐取代素材 A 的位置
	渐变擦除	以依据所选择的图像作渐层过渡
	百叶窗	以百叶窗式转换,素材 B 逐渐取代素材 A 的位置
	螺旋框	以素材 B 以旋转盒方式显示,并逐渐取代素材 A 的位置
	随机块	以素材 A 以随机块反转消失,素材 B 以随机块反转出现,并逐渐取代素材 A 的位置
	随机擦除	以素材 B 从一个边呈随机块扫走素材 A,并逐渐取代素材 A 的位置
	风车	以素材 A 以风车转动式消失并露出素材 B,并逐渐取代素材 A 的位置
映射	声道映射	以从素材 A 和 B 选择通道并映射到输出
	明亮度映射	以素材 A 的亮度值映射到素材 B
溶解	交叉溶解	素材 A 透明度变小且色调变黑直到消失,素材 B 透明度变大直到完全显示出来
	叠加溶解	以素材 A 淡化为素材 B
	抖动溶解	以素材 A 以点的形式逐渐淡化到素材 B
	渐隐为白色	素材 A 变亮至全白后素材 B 由白变暗,画面显现
	渐隐为黑色	素材 A 变暗至全黑后素材 B 由暗变亮
	胶片溶解	与渐隐为黑色过渡相似
	随机反转	以素材 A 以随机块反转消失,素材 B 以随机块反转出现
	非叠加溶解	以素材 A 的亮度图映射给素材 B

续表

大类	分　类	过　渡　效　果
滑动	中心合并	以素材 A 从四周向中心合并,显现出素材 B
	中心拆分	以素材 A 从中心呈十字向四周裂开,显现出素材 B
	互换	以素材 B 与素材 A 前后交换位置转换,并逐渐取代素材 A 的位置
	多旋转	以素材 B 以 12 个小的旋转图像呈现出来,并逐渐取代素材 A
	带状滑动	以素材 B 以带状推入,逐渐覆盖素材 A
	拆分	以素材 A 被分裂显露出素材 B,并逐渐取代素材 A 的位置
	推	以素材 B 从左边推动素材 A 向右边运动,并逐渐取代素材 A 的位置
	斜线滑动	以素材 B 以一些自由线条方式划入素材 A,并逐渐取代素材 A 的位置
	旋绕	以素材 B 在一些旋转的方块中旋转而出,并逐渐取代素材 A 的位置
	滑动	以素材 B 像幻灯片一样划入素材 A,并逐渐取代素材 A 的位置
	滑动带	以素材 B 在水平或者垂直方向的从小到大的条形中逐渐显露,并逐渐取代素材 A 的位置
	滑动框	以素材 B 在水平方向的从小到大的条形中逐渐显露,并逐渐取代素材 A 的位置
特殊效果	三维	以把原素材 A 映射给输出素材 B 的红和蓝通道,即 A 中的红、蓝色映射到 B 中
	纹理化	以素材 A 被作为纹理贴图映射给素材 B
	置换	以素材 A 的 RGB 通道像素被素材 B 的相同像素代替
缩放	交叉缩放	以素材 A 放大出去,素材 B 缩小进来,并逐渐取代素材 A 位置
	缩放	以素材 B 从素材 A 的中心放大出现,并逐渐取代素材 A 的位置
	缩放框	以素材 B 以 12 个方框形从素材 A 上放大出现,并逐渐取代素材 A 的位置
	缩放轨迹	以素材 B 从素材 A 的中心放大并带着轨迹出现,并逐渐取代素材 A 的位置
页面剥落	中心卷开	以素材 A 从中心分裂成 4 块卷开,显示出素材 B
	剥开背面	以素材 A 由中央呈 4 块分别卷走,露出素材 B
	翻页	以素材 A 卷起时,背景仍旧是素材 A
	页面剥落	以素材 A 带着背景色卷走,露出素材 B

3. "过渡"效果编辑

为影片添加过渡后,改变过渡长度的最简单方法是在序列中选中过渡标识,并拖动过渡标识边缘即可。也可以在"效果控件"选项卡中对过渡进行进一步调整。在序列中双击过渡标识,直接打开"效果控件"选项卡,也可以在序列中单击过渡标识,并在监视器窗口素材视窗中单击"效果控件"选项卡。

（1）调整过渡区域

在"效果控件"选项卡右侧的时间线区域里,可以看到素材 A 和素材 B 分别放置在上下两层,两层的中间是过渡标识,两层间的重叠区域是可调整过渡的时间长度,如图 8-22 所示。同时显示的是两个素材 A 和 B 的完全长度。

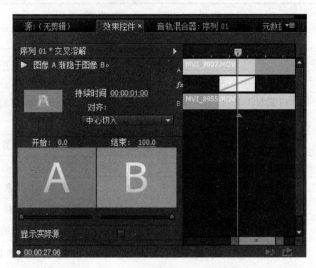

图 8-22 调整过渡时间长度界面

在该时间区域里,使用 4 种方式可以调整过渡区域。

① 将光标放在素材 A 或 B 上,按住鼠标左键拖动,即可拖动素材的位置,改变过渡的影响区域,即改变素材 A 或 B 的过渡点位置;

② 将光标放在过渡标识的边缘,按住鼠标左键拖动,可改变过渡区域的范围,即过渡的时间长度;

③ 将光标放在过渡标识中的黑色过渡线上,按住鼠标左键拖动,可改变过渡区域的位置,并且过渡线随着过渡区域一起改变;

④ 将光标放在过渡标识上,按住鼠标左键拖动,也可以改变该区域的位置,但过渡线在时间轴上的位置不会改变。

在"效果控件"选项卡左侧的区域中部,有一个"对齐:中心切入"文件夹,单击右侧的小三角按钮,即出现"居中于切点"、"开始于切点"和"结束于切点"3 个选项。通过 3 个选项过渡对齐方式来改变过渡线在过渡区域中的位置:

"居中于切点",表示在两端素材之间加入过渡,即过渡线处于过渡区域之间。

"开始于切点",表示以素材 B 的入点位置为准,开始建立过渡,即过渡线处在过渡入点处。

"结束于切点",表示以素材 A 的入点位置为准,结束过渡,即过渡线处在过渡区域出点处。

在调整过渡区域时,节目视窗中会分别显示素材出点和入点的画面。

(2)设置过渡

在"特效控制"面板左边的过渡设置栏中,可对过渡作进一步的设置。在默认状态下,过渡都是从左侧素材 A 向右侧素材 B 过渡,在"效果控件"面板左边的过渡设置栏中,过渡开始为"0.0",结束为"100.0"。要改变过渡的开始和结束状态,可以拖动其 A、B 视窗下的两个小三角滑块。若按住 Shift 键用鼠标拖动 A、B 视窗下的小三角滑块可以使开始和结束以相同数值变化。选中"显示真实来源"复选框,可以在 A、B 视窗中显示素材 A、B 过渡的开始帧和结束帧的画面。在小视窗右侧的"持续时间"设置栏中直接输入时间数值,或用鼠标拖动,可改变过渡的持续时间。

8.4.2　视频效果

在影视中,人工制造出来的假象和幻觉称为影视特效。视频编辑中,效果的处理是必不可少的主要环节之一。

1. 添加视频效果

在为素材添加视频效果之前,应首先打开"效果面板",从中选择需要的某种效果,并将其拖曳到时间线窗口中某段视频素材上释放。许多特效效果还需要进行参数的设置才能实现。一种效果可以分别添加到几个素材上,也可以对同一素材添加几种不同的效果。

（1）添加视频效果

① 打开"效果"面板:执行菜单栏"窗口/效果"命令（或者直接单击"效果"选项卡）,打开"效果"面板。

② 选择效果项目:在"效果"面板里,单击"视频效果"文件夹前的小三角辗转按钮,展开该文件夹内 16 个子文件夹（为 16 大类特效）,再单击"调整"子文件夹前的小三角按钮,展开效果项目,选择其中"光照效果"项目。

③ 添加视频效果:将"光照效果"拖曳到时间线窗口中某一段素材上释放,将效果添加到该素材上。同时,在"效果控件"面板中可以看到"光照效果"项目在其中。

（2）效果设置

在为一个视频素材添加了效果之后,就可以在"效果控件"面板项目栏中设置特效的各种参数来控制效果,有的还需要通过设置关键帧来实现各种动态变化效果。

① 选中素材:在时间线窗口中,将时间线滑块拖曳到刚才添加效果的素材上,并单击该素材。

② 展开效果项目参数:单击"效果控件"面板中的"光照效果"项目前的小三角辗转按钮,展开项目参数。

③ 设置效果参数:可以对该素材进行"亮度"、"对比度"、"色相"和"饱和度"4 个特效参数的设置。例如,在"亮度"栏目中的参数值上（默认值为 0.0）,按住鼠标左键,水平拖动,可以改变参数值大小（[-100,100],其正值为增加亮度,负值为减少亮度）,向右拖动增加亮度,向左拖动减少亮度;也可以在参数值上直接单击后再填入数值,在空处单击一下,新的参数即被确定。

④ 预览效果:对素材设置参数后,可以直接在节目监视器窗口中预览设置了参数后的画面效果。

⑤ 删除特效:如果对添加的特效不满意,可以删除该效果,回到素材原始状态。在"效果控件"面板中,右击"光照效果"项目,在弹出的快捷菜单中执行"清除"命令,该效果被删除。

（3）关键帧添加

关键帧技术指计算机将若干帧的第一帧和最末帧定义为关键帧,改变其中的某些属性后,中间的变化过程可由计算机运算得到。在效果控件窗口,选择"视频效果"→"运动"→"缩放比例"命令,然后单击"缩放比例"左侧的按钮,在右侧出现的按钮中单击,即可在编辑线所在的时间点(以时间轴为准)添加关键帧。关键帧如图 8-23 所示,在这个镜头的首尾两点各添加一个关键帧。此时在效果控件右侧的时间线视窗出现两个菱形的关键帧标志。单击第一个菱形,在效果控件的"缩放比例"处修改比例数值。

图 8-23　关键帧设置

2. 视频效果类型

视频效果类型种类很多,有变换、图像控制、实用程序、扭曲、时间、杂色与颗粒、模糊与锐化、生成、视频、调整、过渡、透视、通道、键控、颜色校正和风格化 16 大类,每大类中又有若干个小类。

(1) 变换

变换类效果主要是通过对图像的位置、方向和距离等参数进行调节,从而制作出画面视觉变化的效果,分别为垂直定格、垂直翻转、摄像机视图、水平定格、水平翻转、羽化边缘和裁剪 7 种效果。

① 垂直定格:可以将画面调整为倾斜的画面,利用滑块调整可使画面向上下倾斜,是一个随时间变化的视频滤镜效果,因此,可以设定其开始画面为倾斜式,而在结束画面设置为正常。

② 垂直翻转:将画面上下翻转 180°,如同镜面的反相效果,画面翻滚后仍然维持正常顺序播放。

③ 摄像机视图:模仿照相机从不同的角度拍摄一个片段,即设想一个球体,物体位于球体中心,而摄像机位于球体表面,通过控制摄像机的位置,可以扭曲片断图像的形状。

④ 水平定格:可以将画面调整为倾斜的画面,利用滑块调整可使画面向左右倾斜。它是一个随时间变化的视频滤镜效果,因此可以设定起始的画面为倾斜式,而在结束画面设置为正常。

⑤ 水平翻转：将画面左右翻转 180°，如同镜面的反相效果，画面翻转后仍然维持正常顺序播放。

⑥ 羽化边缘：可以将图像边缘由于数字画面采集卡所产生的毛边修剪掉。利用滑块，会分别对 4 个边进行修剪。修剪时可以设定以像素为单位或以百分比值来进行。利用此种方法修剪边缘后会留下 4 条空白边，其边缘部分不能消除，只能用同种颜色取代。

⑦ 裁剪：可以改变原始画面尺寸。

（2）图像控制

图像控制类主要是通过各种方法对素材图像中的特定颜色像素进行处理，从而产生特殊的视觉效果，有灰度系数校正、颜色平衡（RGB）、颜色替换、色彩过滤和黑白 5 种效果。

① 灰度系数校正：通过调节图像的反差对比度，使图像产生相对变亮或变暗的效果。

② 颜色平衡：可改变影视片段的彩色画面的色调、亮度和饱和度。

③ 颜色替换：可用某一种颜色以涂色的方式来改变画面中的邻近颜色，故称为色彩替换视频滤镜效果。利用这种方式，可以变换局部的色彩或全部涂一层相同的颜色。

④ 色彩过滤：能够将一个片段中某一指定单一颜色外的其他部分都转化为灰度图像。可以使用本效果来增亮片段的某个特定区域。

⑤ 黑白：使影视片段的彩色画面转换成灰度级的黑白图像。

（3）实用

实用类主要是通过调整画面的黑白斑来调整画面的整体效果，只有 Cineon 一种效果。

（4）扭曲

扭曲类效果主要通过对图像进行几何扭曲变形来制作各种各样的画面变形效果，分别为位移、变换、弯曲、放大、旋转、果冻效应修复、波形弯曲、球面化、紊乱置换、边角固定、镜像和镜头扭曲 12 种效果，以下是部分效果的含义。

① 位移：将素材进行上下或左右的移动。

② 弯曲：影视片段的画面在水平或垂直方向弯曲变形。可以选择正弦、圆形、三角形或方形作为弯曲变形的波形。并利用滑块调整视频滤镜效果在水平方向和垂直方向中的变形效果，调整的参数有变形强度、速率、宽度和方向。

③ 放大：对素材的某一个区域进行放大处理，如同放大镜观察图像区域一样。

④ 果冻效应修复：使素材沿着其中心旋转，越靠近中心，旋转越剧烈。

⑤ 波形弯曲：可以让画面形成一种波动效果，很像是水面上的波纹运动。波纹的形式可从正弦、圆形、三角形或方形中选取一种。利用滑块调整在水平方向和垂直方向中的波动力度，调整的参数有变形强度、速率、宽度和移动方向。

⑥ 球面化：在画面的最大内切圆内进行球面凸起或凹陷变形，通过调整滑块来改变变形强度。

⑦ 紊乱置换：使素材产生一种不规则的湍流变相效果。通过调整数量、大小、偏移、复杂度和演变等参数，可以制作出想要的扭曲效果。

⑧ 边角固定：通过 4 个顶角，对素材形状进行调整。

⑨ 镜像：使画面出现对称图像，它在水平方向或垂直方向取一个对称轴，将轴左边的图像保持原样，右边的图像按左边的图像对称地补充，如同镜面方向效果一样。

⑩ 镜头扭曲：可将画面原来形状扭曲变形。通过滑块的调整，可让画面凹凸球形化、水平左右弯曲、垂直上下弯曲以及左右褶皱和垂直上下褶皱，利用扭曲变形可使画面变得如同哈哈镜的变形效果。

（5）时间

时间类主要是通过处理视频的相邻帧变化来制作特殊的视觉效果，包括抽帧时间和残影两种效果。

① 抽帧时间：通过改变素材播放的帧速率来回放素材，输入较低的帧速率会产生跳帧的效果。

② 残影：将来自片段中不同时刻的多个帧组合在一起，可创建从一个简单的可视的回声效果到复杂的拖影效果。

（6）杂色与颗粒

杂色与颗粒类效果主要用于去除画面中的噪点或者在画面中增加噪点，分别为中间值、杂色、杂色 Alpha、杂色 HLS、杂色 HLS 自动、蒙尘与划痕 6 种效果。

① 中间值：用于将图像中的每一个像素都用其周围像素的 RGB 平均值来代替，从而达到平均整个画面中的色值的艺术效果的目的。

② 杂色：在画面中添加模拟的噪点效果。

③ 杂色 Alpha：可以在一个素材的通道中添加统一或方形的噪波。

④ 杂色 HLS：可以根据素材的色相、亮度和饱和度添加不规则的噪点。

⑤ 杂色 HLS 自动：可以为素材添加杂质，并设置这些杂质的色彩、亮度、颗粒大小、饱和度及运动速率。

⑥ 蒙尘与划痕：可以减小图像中的杂色，以达到平衡整个图像色彩的效果。

（7）模糊与锐化

模糊与锐化类特效主要用于柔化或者锐化图像或边缘过于清晰或者对比过强的图像区域，也可以把原本清晰的图像变得很朦胧，造成朦胧感。包括复合模糊、快速模糊、方向模糊、消除锯齿、相机模糊、通道模糊、重影、锐化、非锐化遮罩和高斯模糊 10 种效果。

① 复合模糊：将各种模糊效果混合使用，使画面极不清晰。

② 快速模糊：可指定图像模糊的快慢程度。能指定模糊的方向是水平、垂直，或是两个方向上都产生模糊。快速模糊产生的模糊效果比高斯模糊更快。

③ 方向模糊：在图像中产生具有方向性的模糊感，从而产生一种片段在运动的幻觉。

④ 消除锯齿：将图像区域中色彩变化明显的部分进行平均，使得画面柔和化。

⑤ 相机模糊：是随时间变化的模糊调整方式，可使画面从最清晰连续调整为越来越模糊，就好像照相机调整焦距时出现的模糊景物情况。

⑥ 通道模糊：指定 RGB 和 Alpha 通道进行模糊。

⑦ 重影：将当前所播放的帧画面透明地覆盖到前一帧画面上，从而产生一种幽灵般的效果，在电影特技中有时用到它。

⑧ 锐化：可以使画面中相邻像素之间产生明显的对比效果，使图像显得更清晰。

⑨ 非锐化遮罩：可以使遮罩边缘更清晰。

⑩ 高斯模糊：通过修改明暗分界点的差值，使图像极度的模糊。其效果如同使用了若干组模糊一样。高斯是一种变形曲线，由画面的邻近像素点的色彩值产生。

（8）生成

生成类效果是经过优化分类后新增加的一类效果。主要有书写、单元格图案、吸色管填充、四色渐变、圆形、棋盘、椭圆、油漆桶、渐变、网格、镜头光晕和闪电12种效果，具体见表8-2。

表8-2　生成类效果

类型	效　　果
书写	使用画笔在指定的层中进行绘画、写字等效果
单元格图案	模拟出多种细胞图形效果
吸色管填充	可以将样本色彩应用到图像上进行混合
四色渐变	在素材之上产生4种颜色渐变图形，并与素材进行不同模式的混合
圆形	创建圆形并与素材相混合
棋盘	创建棋盘网格并与素材相混合
椭圆	可以在颜色背景上创建椭圆，用作遮罩，也可以直接与素材混合
油漆桶	根据需要将指定的区域替换成一种颜色，还可以设置颜色与素材混合的样式
渐变	在图像上创建一个颜色渐变斜面，并可以使其与原素材融合
网格	创建网格并与素材相混合
镜头光晕	模拟镜头拍摄阳光而产生的光环效果
闪电	通过调整参数设置，模拟闪电和放电效果

（9）视频

视频类效果主要是通过对素材添加时间码，显示当前影片播放的时间，有剪辑时间和时间码两种效果。

（10）调整

调整类特效是视频编辑中常用的一部分特效，主要用于修复原始素材的偏色或者曝光不足等方面的缺陷，也可以调整颜色或者亮度来制作特殊的色彩效果。包括基本信号控制、光照效果、卷积内核、提取、自动对比度、自动色阶、自动颜色、色阶和阴影/高光9种效果。

① 基本信号控制：用于调整素材的亮度、对比度和色相，是一个较常用的视频特效。

② 光照效果：可以为素材添加5个灯光照明，以模拟舞台追光灯的效果。

③ 卷积内核：通过运算改变素材中每个像素的颜色和亮度值，从而改变图像的质感。

④ 提取：可以从视频片段中吸取颜色，然后通过设置灰度像素的范围来控制影像的显示。

⑤ 自动对比度：主要用于调整所有颜色的亮度和对比度。

⑥ 自动色阶：主要用于调整暗部和高亮区。

⑦ 自动颜色：主要用于调整素材的颜色。

⑧ 色阶：调整影片的亮度和对比度。

⑨ 阴影/高光：不应用于整个图像的调暗或增加图像的点亮，但可以基于图像周围的像素单独调整图像高光区域。

（11）过渡

过渡类效果主要用于场景过渡，其用法与"视频过渡"类似，但是需要设置关键帧才能产生转场效果,包括块溶解、径向擦除、渐变擦除、百叶窗和线性擦除5种效果。

① 块溶解:通过随机产生板块对图像进行溶解。

② 径向擦除:可以绕指定点以旋转的方式进行图像擦除。

③ 渐变擦除:可以根据两个层的亮度值建立一个渐变层,在指定层和原图层之间进行角度切换。

④ 百叶窗:对图像进行百叶窗式的分割,实现图层之间的切换。

⑤ 线性擦除:通过线条划过的方式形成擦除效果。

(12) 透视

透视类效果主要用于制作三维立体效果和空间效果,包括基本3D、投影、放射阴影、斜角边、斜角Alpha 5种效果。

① 基本3D:在一个虚拟三维空间中操作片段。可以绕水平和垂直轴旋转图像,并将图像以靠近或远离屏幕的方式移动。

② 投影:添加一个阴影显示在片段的后面。投影的形状由片段的Alpha通道决定。与大多数其他效果不一样,本效果能在片段的边界之外创建一个影像。

③ 放射阴影:与投影效果相似,但是可以通过设置光源的大小和位置来改变投影的路径和方向。

④ 斜角边:可为图像的边缘产生一种凿过的三维立体效果。边缘位置由源素材Alpha通道决定。

⑤ 斜角Alpha:可为图像的Alpha边界产生一种凿过的立体效果。如果片段中没有Alpha通道,或者其Alpha通道完全不透明,本效果将被应用到片段的边缘。

(13) 通道

通道效果主要是利用图像通道的转换与插入等方式来改变图像,从而做出各种特殊效果,包括反相、复合运算、混合、算术、纯色合成、计算和设置遮罩7种效果。

① 反相:将原素材的色彩都转化为该色彩的补色,如原始图片上的白色反转后成为黑色、红色成为绿色等。

② 复合运算:根据数学算法有效地将两个场景混合在一起。

③ 混合:通过5种不同的混合模式,将两个层的场景混合在一起。

④ 算术:提供了各种用于图像颜色通道的简单数学运算。

⑤ 纯色合成:将一种色彩填充合成图像放在素材层的后面,通过设置不透明度、混合模式等参数,来合成新的图像效果。

⑥ 计算:通过剪辑通道和不同的混合模式,合成两个位于不同轨道中的视频剪辑。

⑦ 设置遮罩:可以将其他层的通道设置为本层的遮罩,通常用来设置运动遮罩效果。

(14) 键控

键控类效果主要用于对图像进行抠像处理,通过各种抠像方式和不同画面图层叠加方法来合成不同的场景或者制作各种无法拍摄的画面,包括16点无用信号遮罩、4点无用信号遮罩、8点无用信号遮罩、Alpha调整、RGB差异键、亮度键、图像遮罩键、差值遮罩、移除遮罩、色度键、蓝屏键、超级键、轨道遮罩键、非红色键和颜色键15种效果。

① 16点无用信号遮罩、4点无用信号遮罩、8点无用信号遮罩:通过调整16个、4个、8个控制点的位置来调整被叠加图像的大小。

② Alpha调整：用于调整当前素材的Alpha通道信息，使当前素材与其下面的素材产生不同的叠加效果。

③ RGB差异键：与"亮度键"特效基本相同，可以将某个颜色或者颜色范围内的区域变为透明。

④ 亮度键：可以将被叠加图像的灰度值设置为透明，而且保持色度不变，该特效对于明暗对比十分强烈的图像十分有用。

⑤ 图像遮罩键：可以将相邻轨道上的素材作为被叠加的底纹背景素材。

⑥ 差值遮罩：可以叠加两幅图像中纹理不同的部分，保留对方的纹理颜色。

⑦ 移除遮罩：可以将原有的遮罩移除，如将画面中的白色区域或黑色区域移除。

⑧ 色度键：可以将图像上的某种颜色及相似范围的颜色设置为透明，从而显示后面的图像。该特效适用于纯色背景的图像。

⑨ 蓝屏键：又称"抠蓝"，用于在画面上进行蓝色叠加。

⑩ 轨道遮罩键：将遮罩层进行适当比例的缩小，并显示在原图层上。

在影视作品制作中，抠像称为"键控"，是通过运用虚拟手段将背景进行特殊透明叠加的一种技术，通过对指定区域的颜色进行吸取，使其透明，以实现和其他素材合成的效果。常用的抠像特效有蓝屏抠像、绿屏抠像、非红色抠像、亮度抠像和跟踪抠像等。

在合成工作中，色键是最常用的抠像方式。一般情况下，选择蓝色或绿色背景进行拍摄，演员在蓝色或绿色背景前进行表演，然后将拍摄的素材数字化，并且使用键控技术，吸取背景颜色，使其透明。这样，计算机会产生一个Alpha通道识别图像中的透明度信息，然后与电脑制作的场景或其他场景素材进行叠加合成，这样原来的蓝色或绿色背景就转变成了其他场景。背景之所以使用蓝色或绿色是因为人的身体不含有这两种颜色。

素材质量的好坏直接关系到抠像效果。光线对于抠像素材是至关重要的，因此在前期拍摄时就应非常重视布光，确保拍摄素材达到最好的色彩还原度。在使用有色背景时，最好选择标准的纯蓝色或者纯绿色。

另外，在对拍摄的素材进行数字化转化时，需注意尽可能保持素材的精度。在可能的情况下，最好使用无损压缩，因为细微的颜色损失会导致抠像效果的巨大差异。

色键抠像指通过比较目标的颜色差别来完成透明化，其中蓝屏或绿屏抠像是常用的抠像方式。

要进行抠像合成，一般情况下，至少需要在抠像层和背景层上下两个轨道上安置素材。抠像层指人物在蓝色或绿色背景前拍摄的素材，背景层指要在人物背后添加的新的背景素材，并且抠像层须在背景层之上，这样，才能在为对象设置抠像效果后透出底下的背景层。

蓝屏键和绿屏键是影视后期制作中经常用到的抠像手法。在Adobe Premiere Pro CC中，只要将视频效果拖入到时间线窗口中的需要抠像的素材上即可，无需复杂的调整。

（15）颜色校正

色彩校正是视频编辑的常用特效，颜色校正类是用于对素材画面颜色进行校正处理，分别为RGB曲线、RGB色彩校正器、三向颜色校正器、亮度与对比度、亮度曲线、亮度校正器、分色、均衡、广播级颜色、快速色彩校正、更改为颜色、更改颜色、色调、视频限幅器、通道混合器、颜色平衡、颜色平衡（HLS）共17种效果，见表8-3。当两段视频由于白平衡不同而色调相差较大时，通过RGB曲线的特效，调整画面中红、绿、蓝曲线，来改善画面色彩。

表 8-3　颜色校正类效果

类　　型	效　　果
RGB 曲线	通过曲线调整红色、绿色和蓝色通道中的数值,达到改变图像色彩的目的
RGB 色彩校正器	通过修改 R、G、B 这 3 个通道中的参数,来实现图像色彩的改变
三向颜色校正器	通过旋转 3 个色盘来平衡画面的颜色
亮度与对比度	用于调整素材的亮度和对比度,并同时调节所有素材的亮部、暗部和中间色
亮度曲线	通过亮度曲线图实现对图像亮度的调整
亮度校正器	通过亮度进行图像颜色的校正
分色	可以准确地指定颜色或删除图层中的颜色
均衡	改变图像的像素值并将这些像素值平均化处理
广播级颜色	可以校正广播级的颜色和亮度,使影视作品在电视机中准确地播放
快速色彩校正	能够快速进行图像颜色修正
更改为颜色	在图像中选择一种颜色,将其转换为另一种颜色的色调、透明度、饱和度
更改颜色	用于改变图像中某种颜色区域的色调
色调	用来调整图像中包含的颜色信息,在最亮和最暗之间确定融合度
视频限幅器	利用视频限幅器对图像的颜色进行调整
通道混合器	用于调整通道之间的颜色数值,以实现图像颜色的调整
颜色平衡	可以按照 RGB 颜色调节影片的颜色,以达到校色的目的
颜色平衡(HLS)	通过对图像色相、亮度和饱和度的精确调整,可以实现对图像颜色的改变

(16) 风格化

风格化类效果主要是通过改变图像中的像素或者对图像的色彩进行处理,从而产生各种抽象派或者印象派的作品效果,也可以模仿其他门类的艺术作品如浮雕、素描等,包括 Alpha 辉光、复制、彩色浮雕、抽帧、曝光过度、查找边缘、浮雕、画笔描边、粗糙边缘、纹理化、闪光灯、阈值和马赛克 13 种效果。

① Alpha 辉光:仅对具有 Alpha 通道的片段起作用,而且只对第一个 Alpha 通道起作用。它可以在 Alpha 通道指定的区域边缘,产生一种颜色逐渐衰减或向另一种颜色过渡的效果。

② 复制:将画面复制成同时在屏幕上显示多达 4～256 个相同的画面。

③ 彩色浮雕:除了不会抑制原始图像中的颜色之外,其他效果与 Emboss 产生的效果一样。

④ 曝光过度:将画面沿着正反画面的方向进行混色,通过调整滑块选择混色的颜色。

⑤ 查找边缘:对彩色画面的边缘以彩色线条进行圈定,对于灰度图像用白色线条圈定其边缘。

⑥ 浮雕:根据当前画面的色彩走向并将色彩淡化,主要用灰度级来刻画画面,形成浮雕效果。

⑦ 画笔描边:可以模拟向图像添加笔触,以产生类似水彩画的效果。

⑧ 粗糙边缘:可以影响图像的边缘,制作出锯齿边缘的效果。

⑨ 阈值:可以将灰度或彩色图像转换为高对比度的黑白图像,其中"色阶"参数用于设置阈值的色阶。

⑩ 马赛克：按照画面出现的颜色层次，采用马赛克镶嵌图案代替源画面中的图像。通过调整滑块，可控制马赛克图案的大小，以保持原有画面的面目。

3．预设视频效果

在 Adobe Premiere Pro CC 中，除了直接为素材添加内置的特效外，还可使用系统自带且已设置好各项参数的预置特效。预置特效放置在"效果"面板里的"预设"文件夹中。编辑人员亦可将自己设置好的某一效果保存为预置效果，供以后直接调用，从而节省设置参数的时间。

8.5 音频编辑

对于一部完整的影视作品，声音具有重要的作用，无论同期声还是后期声的配音、配乐，都是不可或缺的构成要素。

1．音频混合器窗口

Adobe Premiere Pro CC 具有强大的音频处理能力。利用"音频混合器"工具，可以通过音频混合器的工作方式来控制声音，不但具有实时录音功能，而且还能实现音频素材和音频轨道的分离处理。

Adobe Premiere Pro CC 中的"音频混合器"窗口可以实时混合时间线窗口中各轨道的音频对象，可以在音频混合器中选择相应的音频控制器来调节对应轨道的音频对象。如图 8-24 所示，音频混合器由若干轨道、音频控制器、主音频控制器和播放控制器组成，每个控制器通过控制按钮和调节杆调节音频。

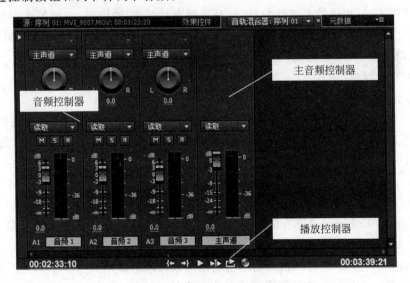

图 8-24 音频混合器界面

（1）音频控制器

音频控制器用于调节与其对应轨道上的音频对象"音频 1"、"音频 2"，以此类推，其数目由时间线窗口中的音频轨道数目决定。音频控制器由控制按钮、调节轮滑及调节滑杆组成。

控制按钮可以控制音频调节的调节状态,由如下几个部分组成:静音轨道——"M",本轨道音频设置为静音状态;独奏轨道——"S",其他轨道自动设置为静音状态;打开录制轨道——"R",利用录音设备进行录音。

调节滑轮是控制左右声道声音的:向左转动,左声道声音增大;向右转动,右声道声音增大。音量调节滑杆可以控制当前轨道音频对象的音量:向上拖动滑杆可增加音量,向下拖动滑杆可减小音量。下方的数值栏"0.0"中显示当前音量(以分贝数显示),亦可直接在数值栏中输入声音的分贝数。播放音频时,左侧是音量表,显示音频播放时的音量大小。

(2)主音频控制器

主音频控制器可以调节时间线窗口中所有轨道上的音频对象,其使用方法与轨道音频控制器相同。在主轨道的音量表顶部有两个小方块,表示系统能处理的音量极限,当小方块显示为红色时,表示音频音量超过极限,音量过大。

(3)播放控制器

播放控制器位于音频混合器窗口最下方,主要用于音频的播放,使用方法与监视器窗口中的播放控制栏相同。

2. 音频特效

Adobe Premiere Pro CC 还为音频素材提供了简单的过渡方式,只要展开"音频过渡"文件夹,选择相应的转换方式即可。Premiere Pro CC 提供了 3 种转场方式:恒定功率、恒定增益和指数型淡入淡出,默认转场方式为"恒定功率",将"音频过渡"效果文件夹内的转场效果拖到音频轨道素材上,即可添加该效果。

使用 Premiere 提供的音频特效,可以对音频素材的音质、声道、声调等多种属性进行调整,使声音更具表现力。Premiere 的音频特效放置在"效果"面板中,主要有声道控制类、音频调整类、降噪类、声音延迟类、动态调整类、均衡调整类 6 类特效。

(1)声道控制类

① Balance(平衡):用来控制左右声道的相对音量。

② Fill Right(使用左声道)、Fill Left(使用右声道):"使用左声道"可以复制音频素材的左声道信息,并放置在右声道中,而丢弃原先的右声道信息;"使用右声道"的效果刚好相反。

③ Swap channels(互换声道):将立体声素材左右声道的声音交换。

④ Invert(反相):将所有声道的相位颠倒。

⑤ Channel Volume(声道音量):用来单独控制声音素材每一个声道的音量。

(2)音频调整类

① Bandpass(选频):可以删除超出指定范围或波段的频率。

② Low Pass(低通):高于指定频率的声音会被过滤掉,可将声音中的高频部分滤除。

③ High Pass(高通):低于指定频率的声音会被过滤掉,可以将声音的低频部分滤除。

④ Notch(去除指定频率):用于去除靠近指定中间频率的频率。

⑤ Bass(低音):增大或减小低音频率(200Hz 或更低)的电平,但不会影响音频的其他

部分。参数"放大"的值越大,低音音量就提高,反之则降低。

⑥ Treble(高音):增大或减小高音频率(4000Hz 或更高)的电平,但不会影响音频的其他部分。

⑦ PitchShifter(变调):用来调整输入信号的定调,可以实现变调效果。

（3）降噪类

① DeEsser(降齿音):可以去除齿擦音以及其他高频"sss"类型的声音。

② DeClicker(降滴答声):用于消除音频中的滴答声。

③ DeCrackler(降爆音):用于消除音频恒定的背景爆裂声。

④ DeHummer(降嗡嗡声):可以消除"嗡嗡"声。

⑤ DeNoiser(降噪):可以自动探测磁带噪声并将其删除。

（4）声音延迟类

① Delay(延迟):在指定的时间后重复播放声音,用于为声音添加回声效果。

② Multitap Delay(多功能延迟):可对延时效果进行更高程度的控制,在电子舞蹈音乐中能产生同步、重复回声效果。

③ Flanger(波浪):可以创建一种稍微带有延迟,而且相位稍有变化的音频效果。

④ Reverb(混响):可以模拟在房间内部播放声音的效果,能表现出宽阔、传声真实的效果。

⑤ Chorus(和声):可以创造"和声"效果。

（5）动态调整类

动态范围是音响设备的最大声压级与可辨最小声压级之差。动态范围越大,强声音信号就越不会发生过载失真,保证强声音有足够的震撼力,与此同时,弱信号声音也不会被各种噪声淹没。

① Multiband Compressor(多频段压缩器):可实现分频段控制的压缩效果。

② Volume(音量):使用"音量"特效,可以在其他效果之前先渲染音量。

（6）均衡调整类

① EQ(均衡):通过调节各个频率段的电平,较精确地调整音频的声调。

② Parametric Equalization(参数均衡):实现参数化均衡效果,可以更精确调整声音的音调。

3. 录制音频素材

连接好麦克风,单击欲放置声音的轨道上的"激活录制轨"按钮,然后单击"录制"按钮,再单击"播放/停止切换"按钮,即可开始录音。再次单击"播放/停止切换"按钮或"录制"按钮,可以结束录制。使用调音台提供的录音功能,可以直接把声音录制到音频轨道上,如图 8-25 所示。

图 8-25　调音台录制界面

4. 音视频链接

在编辑工作中,经常需要将时间线窗口中素材的音频和视频分离,可以完全打断或暂时释放音频与视频的联结关系并重新设置其各部分。

Adobe Premiere Pro CC 中的音频素材和视频素材有硬联结和软联结两种关系。当联结的音频和视频来自同一影片文件,则属于硬联结,项目窗口中只呈现为一个素材。硬联结是在素材输入 Adobe Premiere Pro CC 之前就建立完成的,在序列中显示为相同的颜色。而软联结是只在时间线窗口中人为建立的联结,可在时间线窗口中为音频素材和视频素材建立联结。软联结的音视频素材,其音频和视频部分在项目窗口中总保持各自的完整性,在序列中显示为不同的颜色。

若要取消联结在一起的音视频,可在轨道上选择对象后右击,在弹出的快捷菜单中选择"解除音视频链接"命令即可,如图 8-26 所示。

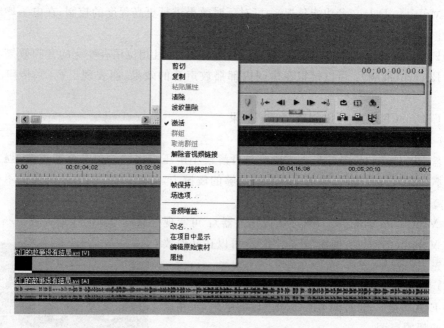

图 8-26　解除音视频链接

此外,还可将分离的音视频素材连接在一起作为一个整体进行操作,只需框选需要链接的音视频后右击,在弹出的快捷菜单中选择"链接音视频"即可。

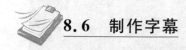

8.6　制作字幕

很多影视作品中都需配有字幕,如片头片尾的片名、演职员表、对白、歌词的提示、人物对白、独白和旁白内容等。在 Adobe Premiere Pro CC 中,有单独的字幕设计窗口。利用字幕窗口可制作出各种常用类型的字幕,既有普通的文本字幕,也有简单的图形字幕。

1. 字幕的设计窗口

在 Adobe Premiere Pro CC 中进行字幕编辑的主要工具是字幕设计窗口，能够完成字幕的创建和修饰、运动字幕的制作以及图形字幕的制作等功能。

在菜单栏中，选择"文件"→"新建"→"字幕"命令，或按快捷键 Ctrl＋T，会出现"新建字幕"窗口，如图 8-27 所示。设置参数后单击"确定"按钮，即出现字幕设计窗口，如图 8-28 所示。

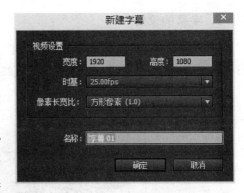

图 8-27 "新建字幕"窗口

图 8-28 字幕设计窗口

字幕设计窗口主要分为 6 个区域：正中间是编辑区，字幕的制作就是在编辑区里完成的。左边是工具箱，里面有制作字幕、图形的 20 种工具按钮以及对字幕、图形进行的排列和分布相关的按钮。窗口下方是字幕样式，其中有系统设置好的多种文字风格，也可以将自己设置好的文字风格存入风格库中。右边是字幕属性，里面有对字幕、图形设置的属性、填充、描边、阴影等栏目。其中在属性栏里，可以设置字幕文字的字体、大小、字间距等；在填充栏目里，可以设置文字的颜色、透明度和光效等；在描边栏目里，可以设置文字内部、外部描边；在阴影栏目里，可以设置文字阴影的颜色、透明度、角度、距离和大小等。窗口的右下角是转换区，可以对文字的透明度、位置、宽度、高度以及旋转进行设置。窗口的上方是其他工具区，有设置字幕运动和其他设置的一些工具按钮。

2. 字幕的设置

在字幕设计窗口的工具箱中，单击"T"文字工具按钮，在编辑区中单击，会出现一个矩形框和光标，即可利用输入法在编辑区直接输入文字，如图8-29所示。

图 8-29　输入字幕

（1）设置属性

对文字属性的设置在属性栏里进行。在相关数值中，拖动鼠标，可以改变"字体大小"、"外观"、"行距"、"字距"、"跟踪"、"基线位移"、"倾斜"、"大写字母尺寸"等参数。选中"大写字母"或"下划线"复选框，可对字母进行大写或下划线设置。展开"扭曲"下拉菜单，还可以对文字进行 X、Y 轴的扭曲变形参数进行设置。

（2）填充设置

填充是对文字的颜色或透明度进行的设置。选中并展开填充栏，可对文字的"填充类型"、"颜色"、"透明"参数进行设置。选中"光泽"或"纹理"复选框，可对文字添加光晕，产生金属的迷人光泽，或对文字填充纹理图案。

（3）笔划设置

笔划是对文字内部或外部进行的勾边。展开笔划栏，可分别对文字添加"内部笔划"和"外部笔划"，并分别对笔划进行"类型"、"大小"、"填充类型"、"颜色"、"透明度"以及"辉光"和"纹理"等设置。

（4）阴影设置

展开下拉菜单，可对文字阴影的"颜色"、"透明"、"转角"、"距离"、"大小"、"展开"等参数进行设置。

（5）字幕模式

字幕设置的项目比较多，为方便起见，可直接使用系统设置好的风格模板，简化对字幕的设置。在编辑区中选中文字对象，在风格区中单击某个风格模板，文字对象便改变成这个模板的风格。选用风格模板后，有些汉字会出现空缺现象，这时只需要在"字体"文件夹中重新选择中文字体即可。

3. 字幕的保存、修改与使用

当完成字幕设置后，单击关闭字幕设计窗口，系统会自动将字幕保存，并将其作为一个素材出现在项目窗口中,或按快捷键 Ctrl＋S 保存。

当需要对已做好的字幕进行修改时,只需双击该字幕素材,即可重新打开该字幕的字幕设计窗口,再次对字幕进行修改。修改后,同样单击关闭字幕设计窗口,系统会自动将修改后的字幕保存。

保存、调用、删除字幕风格化效果。若对设计好的某个字幕效果比较满意,并且希望今后能够继续使用这个字幕效果,可在风格区中将这个效果保存下来。具体操作方法是:在编辑区选中该字幕效果的文字对象,在风格区中单击"新建风格"图标按钮,在弹出的"新建风格"对话框中输入自定义风格化的名称,并单击"确定"按钮,自定义风格化效果就会作为一个字幕模板出现在风格区中。

将保存后的字幕文件(素材)直接从项目窗口中拖入到时间线窗口的视频轨道里释放,即可对节目添加字幕。若要将字幕叠加到视频画面中,只需将该字幕文件拖到对应的视频素材上方的轨道上释放即可。将编辑线移到字幕文件(素材)的起始位置,单击节目视窗的"播放"按钮,便可观看效果。

系统默认的字幕播放时间长度为 3s,可用鼠标在轨道上拖拉字幕文件(素材)的左右边缘,通过改变其长度来调整播放时间长度。此外,还可通过单击并移动字幕文件来修改字幕播放的起始和结束时间位置,如图 8-30 所示。

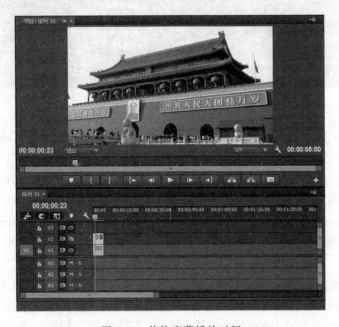

图 8-30　修饰字幕播放时间

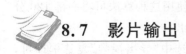

8.7　影片输出

影片可以输出多种格式的音频,包括 WAV、MPEG、MP3 等,也可以输出图像格式,包括静态图像格式和序列图像格式,以及输出常见视频格式包括 AVI、MPEG、MOV 等。

选择菜单栏的"文件"→"导出"→"媒体"命令，会出现"导出设置"窗口，如图 8-31 所示。选择"格式"窗口中的不同格式预设。双击"输出名称"，为视频起名。如需高清模式，可在右下方选中"使用最高渲染质量"复选框，然后单击"导出"按钮。

图 8-31　导出设置窗口

Premiere Pro CC 可以输出的视频格式常见的有 AVI、MPEG、MOV 等。

（1）如果输出基于 Windows 操作系统的数字电影格式，则选择"AVI"选项，AVI 英文全称为 Audio Video Interleaved，即音频视频交错格式，是将语音与影像同步组合在一起的文件格式。它对视频文件采用了一种有损压缩方式。

（2）如果输出基于 Mac 操作系统的数字电影格式，则选择"QuickTime"选项，MOV 即 Quick Time 影片格式，它是 Apple 公司开发的一种音频、视频文件格式，用于存储常用数字媒体类型。

（3）还可以输出 MPEG 格式，MPEG 是运动图像压缩算法的国际标准，现已被几乎所有计算机平台支持。它包括 MPEG-1、MPEG-2 和 MPEG-4 等类型。MPEG-1 广泛应用于 VCD（Video Compact Disk）的制作，绝大多数的 VCD 采用 MPEG-1 格式压缩。MPEG-2 多应用在 DVD（Digital Video/Versatile Disk）的制作、HDTV（高清晰电视广播）和一些高要求的视频编辑、处理方面。MPEG-4 是一种新的压缩算法，使用这种算法可将一部 120 分钟长的电影压缩为 300MB 左右的视频流，便于传输和网络播出。

（4）Premiere Pro CC 可以只输出编辑项目的视频部分，选中"导出视频"复选框即可，若取消选择，则不输出视频部分；也可以只输出编辑项目的音频部分，选中"导出音频"复选框即可，若取消选择，则不输出音频部分。在"视频"选项区域中，可以为输出的视频指定使用的格式、品质以及影片的尺寸等相关的选项参数；在"音频"选项区域中，可以为输出的音频指定使用的压缩方式、采样频率以及量化指标等相关的选项参数。

 **本章小结**

　　Premiere非线性编辑软件广泛应用于影视节目后期编辑和制作领域。本章在阐述非线性编辑工作流程的基础上，详细阐述了视频编辑方法、视频效果使用、过渡特效使用、音频控制、字幕制作和影片输出等知识。

第9章

Premiere制作实例

在前面章节内容学习的基础上,本章主要通过制作电子相册、打造个人 MV、制作节目片头、制作广告片等几个实例阐述 Premiere 软件的具体应用。

学习目标

- 掌握电子相册及 MV 的制作过程与方法;
- 掌握具体影视节目制作的过程与方法;
- 掌握字幕制作技术与方法。

教学重点

- 特效的运用;
- 色彩的调节与运用。

9.1 制作电子相册

电子相册的主要制作内容包括:素材的添加与管理,使用"字幕"命令添加相册主题文字,使用"特效控制台"面板制作文字的位置和透明度动画,使用"效果"面板添加照片之间的切换效果等。

1. 添加项目文件

(1) 启动 Premiere Pro CC 软件,弹出"欢迎使用 Adobe Premiere Pro"界面,单击"新建项目"按钮,弹出"新建项目"对话框,选择保存文件的路径,输入文件名"制作自然风光相册",如图 9-1 所示,单击"确定"按钮,弹出"新建序列"对话框,在左侧的列表中展开"DV-PAL"选项,选中"标准 48kHz"模式,如图 9-2 所示,单击"确定"按钮。

图 9-1　"新建项目"界面

图 9-2　"新建序列"对话框

（2）选择"文件"→"导入"命令,弹出"导入"对话框,选择素材文件夹中的"制作自然风光相册/素材"目录下的"01-10"文件,单击"打开"按钮,导入视频文件,如图 9-3 所示。导入后的文件排列在项目面板中,如图 9-4 所示。

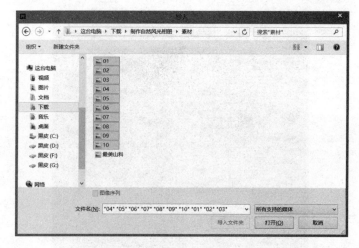

图 9-3　导入素材对话界面

（3）选择"文件"→"新建"→"颜色遮罩"命令，弹出"新建颜色遮罩"对话框，选项的设置如图 9-5 所示，单击"确定"按钮，弹出"拾取器"对话框。在对话框中设置遮罩颜色的 R、G、B 值，如图 9-6 所示。单击"确定"按钮，弹出"选择名称"对话框，设置如图 9-7 所示，单击"确定"按钮。在"项目"面板中添加遮罩文件。

图 9-4　"项目"面板

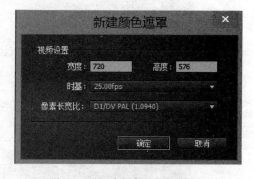

图 9-5　"新建颜色遮罩"对话框

图 9-6　"拾取器"对话框

图 9-7　"选择名称"对话框

（4）在"项目"面板中选取"橙色"文件，按 Ctrl＋C 组合键，复制文件，按 Ctrl＋V 组合键，粘贴文件，如图 9-8 所示。在复制的文件上右击，并在弹出的快捷菜单中选择"重命名"命令，将其命名为"粉色"，如图 9-9 所示。再双击文件，弹出"拾取器"对话框，设置 R、G、B 的值，如图 9-10 所示，单击"确定"按钮，更改颜色。用相同的方法添加红色、绿色、蓝色、黄色文件。

图 9-8 粘贴文件

图 9-9 重命名

图 9-10 "拾取器"对话框

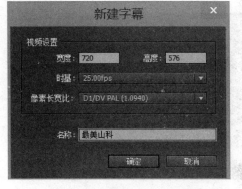

图 9-11 "新建字幕"对话框

（5）选择"文件"→"新建"→"字幕"命令，弹出"新建字幕"对话框，在"名称"文本框中输入"最美山科"，如图 9-11 所示，单击"确定"按钮，弹出字幕编辑面板。选择"输入"工具，在字幕窗口中输入文字"最美山科"，在"字幕样式"子面板中单击需要的样式，字幕窗口中的效果如图 9-12 所示。

2. 制作文件的透明叠加效果

（1）在"项目"面板中选中"01"文件并将其拖曳到"时间线"窗口中的"视频一"轨道上，如图 9-13 所示。在时间线窗口中选取 01 文件。选择特效控制台面板，展开运动选项，将位置选项、缩放比例选项设置如图 9-14 所示。在节目窗口中预览效果，如图 9-15 所示。

（2）将时间指示器放置在某位置，将光标放在 01 文件的尾部，当鼠标指针成双箭头状时，向前拖曳鼠标，如图 9-16 所示，在项目面板中选中 04 文件并将其拖曳到时间线窗口的视频 1 轨道上，如图 9-17 所示。

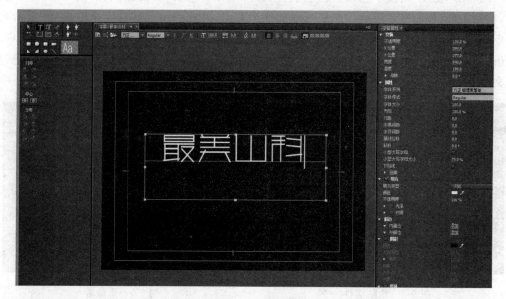

图 9-12　字幕窗口

图 9-13　时间线窗口

图 9-14　特效控制台面板

图 9-15　节目窗口中预览效果

图 9-16　01 文件的尾部位置

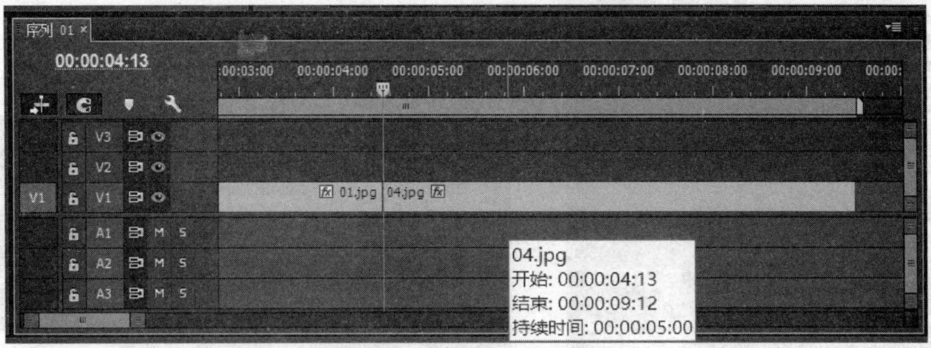

图 9-17　04 文件拖曳到时间线窗口

（3）在时间线窗口中选取 04 文件。选择特效控制台面板，展开运动选项，缩放比例选项设为 130.0，如图 9-18 所示，在节目窗口中预览效果，如图 9-19 所示。将光标放在 01 文件的尾部，当鼠标指针成双箭头状时，向前拖曳鼠标到某位置上，如图 9-20 所示。

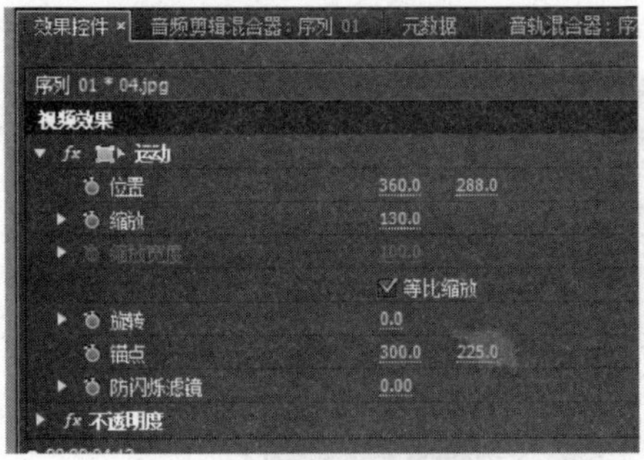

图 9-18　缩放比例选项界面　　　　　　图 9-19　节目窗口预览效果

（4）选择"窗口"→"效果"命令，弹出效果面板，展开视频过渡分类选项，单击溶解文件夹前的三角形按钮将其展开，选中"渐隐为白色"特效，如图 9-21 所示，将其拖曳到时间线窗口中的 01 文件的结尾处与 04 文件的开始位置，如图 9-22 所示。

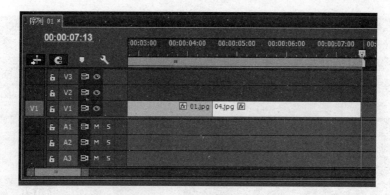

图 9-20　向前拖曳界面

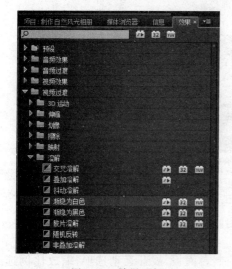

图 9-21　效果面板

图 9-22　特效放置位置

（5）选取"渐隐为白色"特效，在特效控制台面板中将持续时间选项设为 10s，如图 9-23 所示。用相同的方法在时间线窗口中添加其他文件和适当的过渡切换，如图 9-24 所示。

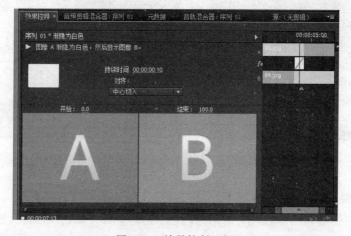

图 9-23　效果控制面板

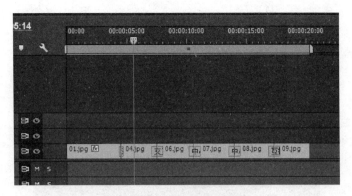

图 9-24　过渡切换效果添加

（6）在"项目"面板中选中 02 文件并将其拖曳到时间线窗口中的视频二轨道上，如图 9-25 所示。将时间指示器放置在某位置上，在时间线窗口中将光标放在 02 文件的尾部，向前拖动鼠标，如图 9-26 所示。

图 9-25　02 文件原位置

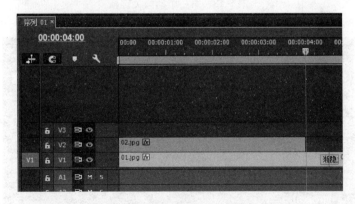

图 9-26　02 文件拖曳后位置

（7）选择特效控制台面板，展开运动选项，将运动选项设置如图 9-27 所示。将时间指示器放在 01：15s 的位置，单击位置和旋转选项前面的切换动画按钮，如图 9-28 所示，记录第一个动画关键帧。将时间指示器、位置选项、旋转选项进行设置，如图 9-29 所示，记录第二个关键帧。

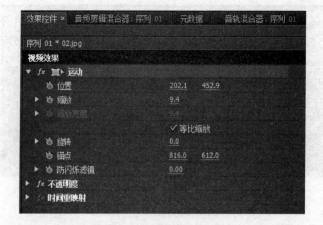

图 9-27　缩放比例选项

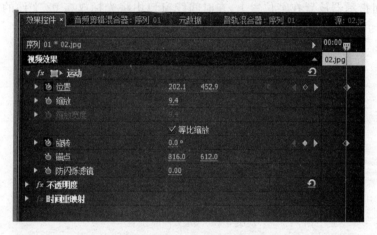

图 9-28　第一个动画关键帧

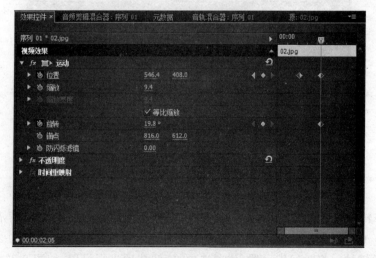

图 9-29　第二个关键帧

（8）在"项目"面板中选中黄色文件并将其拖曳到时间线窗口中的视频二轨道上，如图 9-30 所示。将时间指示器放置在某位置，在时间线窗口中将光标放在黄色文件的尾部，向前拖曳鼠标，如图 9-31 所示。

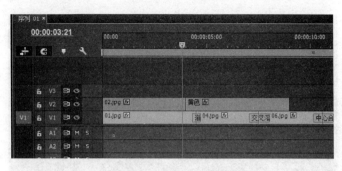

图 9-30 "项目"面板

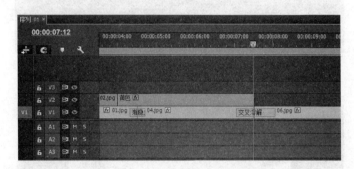

图 9-31 向前拖曳鼠标后

（9）在效果面板中展开视频效果分类选项，单击风格化文件夹前的三角型按钮，将其展开，选中"粗糙边缘"特效，如图 9-32 所示。将其拖曳到时间线窗口中的黄色文件上。在特效控制台面板中展开粗糙边缘特效，选项的设置如图 9-33 所示。在节目窗口中预览效果，如图 9-34 所示。用相同的方法在时间线窗口中添加其他文件和过渡切换，如图 9-35 所示。

图 9-32 效果面板

（10）将"项目"面板中的"最美山科"文件拖曳到时间线窗口中的视频三轨道中，如图 9-36 所示。将时间指示器放置在某位置，将光标放在"最美山科"文件的尾部，向前拖曳，如图 9-37 所示。

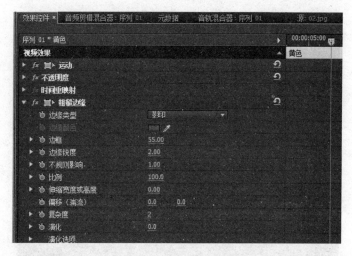

图 9-33　特效控制台面板

图 9-34　粗糙边缘特效

图 9-35　过渡切换添加

图 9-36 时间线窗口

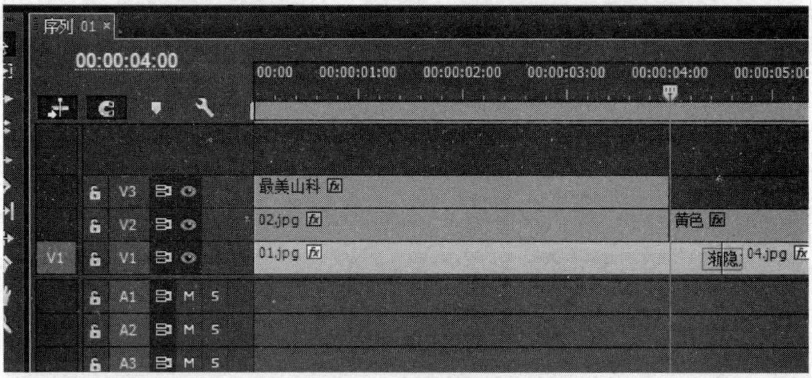

图 9-37 向前拖曳后

(11) 将时间指示器放置在 0s 的位置。选择特效控制台面板展开运动选项将位置选项设为 360.0 和 26.0,单击"位置"前的"切换动画"按钮,记录第一个动画关键帧,如图 9-38 所示。将时间指示器放置在 01:02s 的位置,将"位置"选项设为 360.0 和 280.0,记录第二个关键帧,如图 9-39 所示。

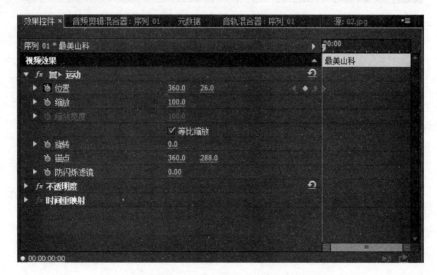

图 9-38 第一个动画关键帧

(12) 选择"序列"→"添加轨道"命令,弹出"添加轨道"对话框,选项的设置如图 9-40 所示,单击"确定"按钮,在时间线窗口中添加一条视频轨道。

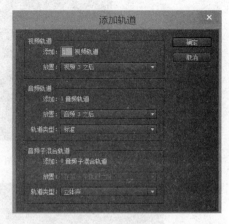

图 9-39　第二个关键帧　　　　　　　　　　图 9-40　"添加轨道"对话框

(13) 将"项目"面板中的 03 文件拖曳到时间线窗口中的视频 4 轨道中,如图 9-41 所示。将时间指示器放置在某位置,将光标放在 03 文件的尾部,向前拖曳,如图 9-42 所示。

图 9-41　时间线窗口

图 9-42　向前拖曳后

（14）选择特效控制台面板,展开运动选项,将位置选项设为307.4和331.9,缩放比例选项设为9.8,如图9-43所示。将时间指示器放置在01:15s的位置,单击"位置"和"旋转"选项前的"切换动画"按钮,如图9-44所示,记录第一个动画关键帧。将时间指示器放置在02:21s的位置,将位置选项设置如图9-45所示,记录第二个关键帧。最美山科相册制作完成,效果如图9-46所示。

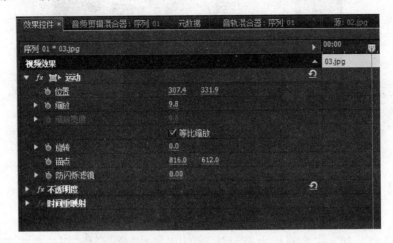

图 9-43　特效控制台面板 1

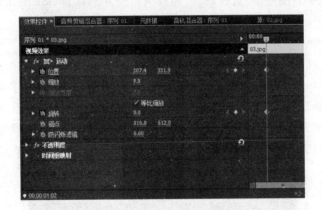

图 9-44　特效控制台面板 2

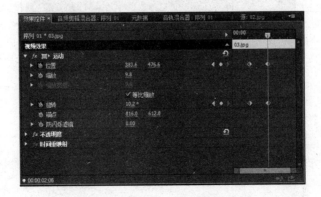

图 9-45　特效控制台面板 3

图 9-46 完成效果

 ## 9.2 快速打造个人 MV

快速打造个人 MV 主要制作内容包括：使用"导入"命令导入图片和声音素材；使用"字幕"命令添加文字；使用"特效控制台"面板编辑图片的位置和缩放比例；使用"效果"面板添加视频特效。

1. 导入素材

（1）启动 Premiere Pro CC 软件，弹出"欢迎使用 Adobe Premiere Pro"界面，单击"新建项目"按钮，弹出"新建项目"对话框设置位置选项，选择保存文件的路径，在"名称"文本框中输入文件名"制作歌曲 MV"，如图 9-47 所示，单击"确定"按钮弹出"新建序列"对话框，在左侧的列表中展开"DV-PAL"选项，选择"标准 48kHz"模式，如图 9-48 所示，单击"确定"按钮。

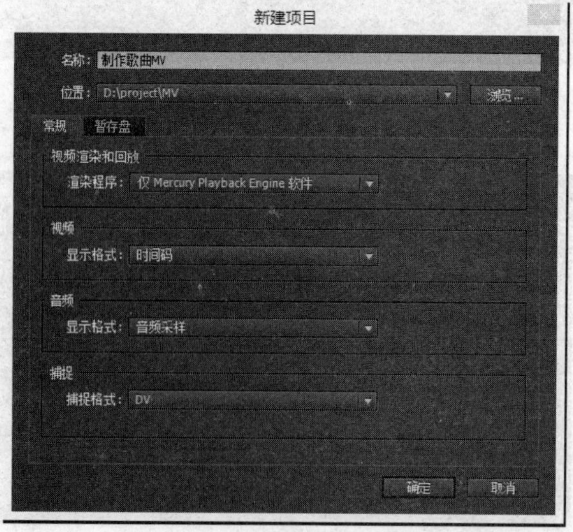

图 9-47 "新建项目"界面

图 9-48　新建序列

（2）选择"文件"→"导入"命令，弹出"导入"对话框，选择"制作 MV 素材"目录下 1～8 文件，单击"打开"按钮，导入文件，如图 9-49 所示。导入后的文件排列在"项目"面板中，如图 9-50 所示。

图 9-49　导入文件

2. 制作叠加动画

（1）在"项目"面板选择 1.jpg 文件并将它拖入"时间线"窗口中的"V1"轨道上，如图 9-51 所示。将光标放在 1.jp 文件的尾部，鼠标指针变成箭头形状，将文件的结束时间拖到某位置上，如图 9-52 所示。用同样的方法将其他文件拖到时间轴上，并调整到适当的位置，如图 9-53 所示。

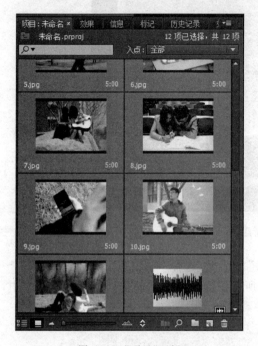

图 9-50 "项目"面板

图 9-51 时间线窗口

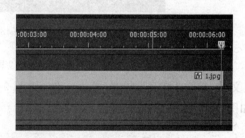

图 9-52 文件调整

（2）将时间指示器放置在 00：00s 位置。在时间线窗口中选择"1.jp"文件。选择"效果控件"面板，展开"运动"选项，将"位置"选项设为 373.0 和 288.0，缩放比例设为 120，如图 9-54 所示，在节目窗口预览效果，如图 9-55 所示。

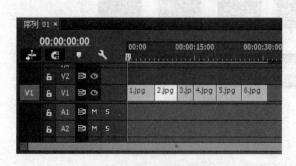

图 9-53 其他文件调整到适当的位置

图 9-54 "效果控件"面板

（3）将时间指示器放置在 06：07s 的位置，在"时间线"窗口中选择"2.jp"文件。选择"效果控件"面板，展开"运动"选项，将"位置"选项设为 330.0 和 330.0，缩放比例设为

194.0,单击"缩放"左侧的"切换动画"按钮 ,记录第一个动画关键帧,如图 9-56 所示。将时间指示器放置在 10∶00s 的位置,将缩放比例选项设为 160.0,记录第二个动画关键帧,如图 9-57 所示。

图 9-55　节目窗口预览效果

图 9-56　第一个动画关键帧

图 9-57　第二个动画关键帧

(4) 采用同样或类似的方法给后面的图片设置切换或视频特效,如图 9-58 所示。

3. 添加音频

将"你不可以"音频文件用鼠标左键拖入时间轴 A1,如图 9-59 所示。

4. 为 MV 添加字幕

(1) 选择"文件"→"新建"→"字幕"命令,弹出"新建字幕"对话框,在"名称"文本框中输入"字幕 01",如图 9-60 所示,单击"确定"按钮,弹出"字幕"编辑面板。选择输入工具 ,在字幕窗口输入需要的文字,在"字幕样式"面板中输入适当的文字样式,选择"字幕属性"面板,进行参数设置,字幕窗口的效果如图 9-61 所示。选择"华文行楷",写入"你不可以",用"华文中宋"写入作词作曲演唱者,并调好位置、比例、间距等参数。

图 9-58　视频特效效果

图 9-59　添加音频

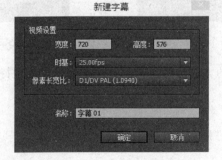

图 9-60　"新建字幕"对话框

（2）将字幕用鼠标左键拖入时间轴 V2，并调整播放长度，如图 9-62 所示。

5. 导出文件

歌曲 MV 制作完成后，在"节目"窗口中进行预览，选择"文件"→"导出"→"媒体"命令
出现文件导出窗口，根据导出的格式，设置参数，导出文件，如图 9-63 所示。

图 9-61 字幕窗口

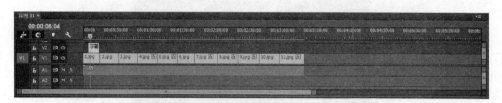

图 9-62 字幕添加

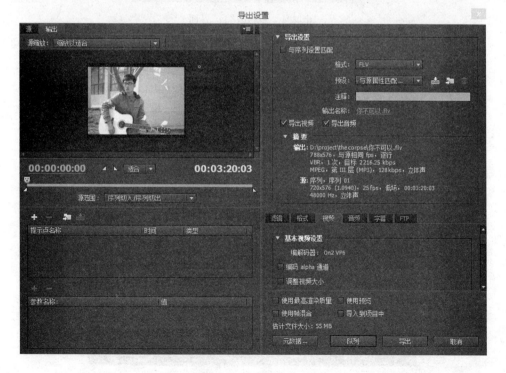

图 9-63 文件导出窗口

9.3 节目片头制作

节目片头制作的内容主要包括：使用"导入"命令导入图片素材；使用"字幕"命令添加文字；使用"特效控制台"面板编辑文字效果；使用"效果"面板添加文字运动特效等。

（1）启动 Premiere Pro CC 软件，弹出"欢迎使用 Adobe Premiere Pro"界面，单击"新建项目"按钮，弹出"新建项目"对话框，设置"位置"选项，选择保存文件的路径，在"名称"文本框中输入文件名"制作自然风光相册"，如图 9-64 所示，单击"确定"按钮，弹出"新建序列"对话框，在左侧的列表中展开"DV-PAL"选项，选中"标准 48kHz"模式，如图 9-65 所示，单击"确定"按钮。

图 9-64 "新建项目"界面

图 9-65 "新建序列"对话框

（2）选择"文件"→"新建"→"字幕"命令，弹出"新建字幕"对话框，在"名称"文本框中输入"最美山科"，如图9-66所示，单击"确定"按钮，弹出"字幕"编辑面板。选择输入工具 T，在字幕窗口输入需要的文字，在"字幕样式"面板中输入适当的文字样式，选择"字幕属性"面板，进行参数设置，字幕窗口的效果如图9-67所示，写入"最美山科"，并调好位置、比例、间距等参数。

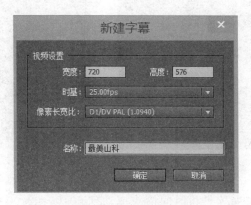

图9-66　"新建字幕"对话框

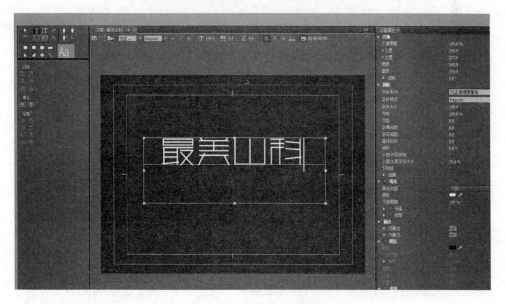

图9-67　字幕编辑面板

（3）在当前窗口右击，弹出快捷菜单，在字体列表中选择一个自己喜欢的字体，在大小列表中选择合适的字体大小，或者选择其他，手动输入字体大小，单击"确定"按钮。

（4）打开Premiere色样框，如图9-68所示，在"色彩到不透明"文本框中分别输入73，字幕产生渐变效果，如图9-68所示。

（5）导入准备好的字幕和背景素材，将背景拖入视频1轨道，将字幕拖动到视频2轨道中，并设置相同的长度。

（6）设置辉光效果。选择"效果"→"视频效果"命令，打开视频效果面板，找到风格化，选择"Alpha 发光"选项,并将它拖动到窗口中的字幕轨道上,如图 9-69 所示。

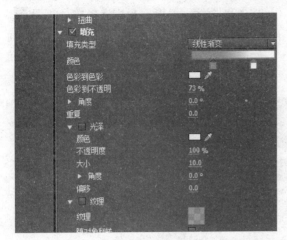

图 9-68　字幕渐变效果

图 9-69　视频效果面板

(7) 单击视频 2 的扩展标志将时间箭头拖动到 00:00:02:00 的位置,并设置关键帧。打开效果控件面板,将发光、亮度的滑块分别拖动到 0 的位置,设置起始的颜色为金黄色,结束的颜色为白色,如图 9-70 所示。

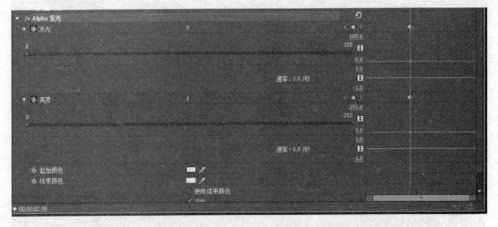

图 9-70　效果控件面板

说明:"发光"可以控制辉光从内向外延伸的长度,"亮度"用于控制辉光的光亮度水平;"起始颜色"用于确定中间的颜色,"结束颜色"用于确定边沿的颜色。

(8) 用同样的方法在 00:00:05:00 的位置设置关键帧,并设发光为 30,亮度为 255,效果如图 9-71 所示。

(9) 用同样的方法在 00:00:08:00 的位置设置关键帧,并设发光为 18,亮度为 135,效果如图 9-72 所示。

(10) 展开"运动",分别在 25% 和 75% 处将运动位置居中。片头制作完成,在"节目"窗口中进行预览,选择"文件"→"导出"→"媒体"命令出现文件导出窗口,根据导出的格式设置参数,导出文件,效果如图 9-73 所示。

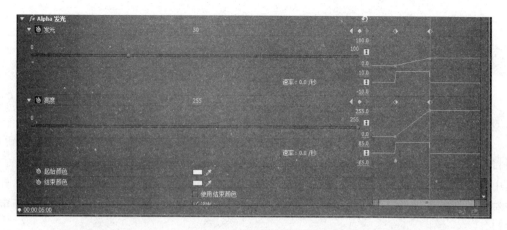

图 9-71 设置关键帧 1

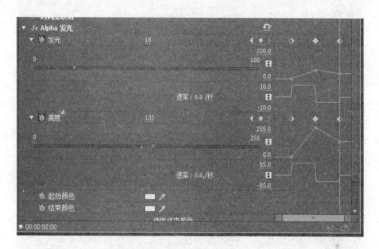

图 9-72 设置关键帧 2

图 9-73 最终效果

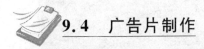

9.4 广告片制作

广告片制作以制作摄像机广告片为例,主要内容包括:利用图层的前后关系和淡入淡出的动画效果来制作摄像机广告;使用效果面板来制作素材之间的转场效果等。

(1)启动 Premiere Pro CC 软件,弹出"欢迎使用 Adobe Premiere Pro"界面,单击"新建项目"按钮,弹出"新建项目"对话框,设置"位置"选项,选择保存文件的路径,在"名称"文本框中输入文件名"摄像机广告",如图 9-74 所示,单击"确定"按钮,弹出"新建序列"对话框,在左侧的列表中展开"DV-PAL"选项,选中"标准 48kHz"模式,如图 9-75 所示,单击"确定"按钮。

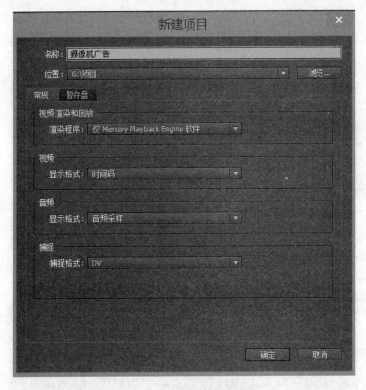

图 9-74 "新建项目"界面

(2)选择"文件"→"导入"命令,弹出"导入"对话框,选择素材文件夹中的文件,单击"打开"按钮,导入文件,如图 9-76 所示。

(3)将背景素材拖到时间线上。然后新建字幕,输入图中的文字,并把文字颜色设为黑色,效果如图 9-77 所示。

(4)给字幕添加动画效果。将字幕拖到时间线上,选中字幕,单击特效控制台。分别在 0 秒、1 秒、3 秒和 4 秒添加关键帧。第 1 秒和第 4 秒的透明度值为 100%,其余为 0.0,如图 9-78 所示。

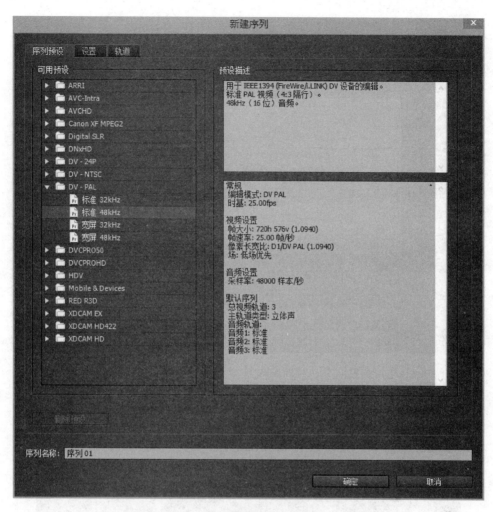

图 9-75　"新建序列"对话框

图 9-76　导入素材

（5）将彩色背景图片拖到时间线上，设置其长度为 5 秒，以便于下一步的操作，如图 9-79 所示。

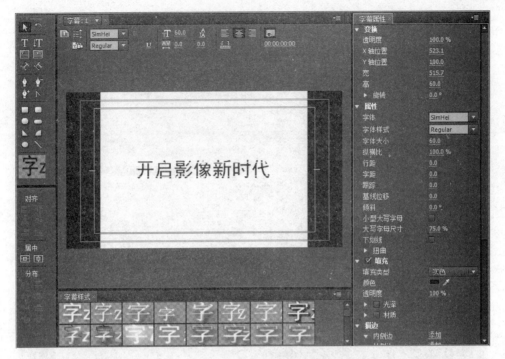

图 9-77　字幕窗口

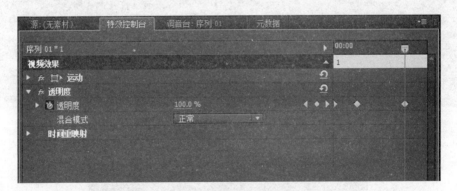

图 9-78　字幕添加动画效果

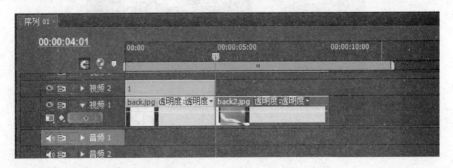

图 9-79　时间线

（6）加长素材的持续时间，并向背景图片添加相同的淡入淡出效果，如图 9-80 所示。

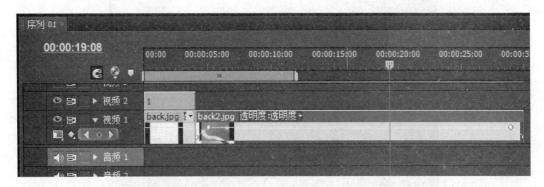

图 9-80　图片添加淡入淡出效果

（7）选择"文件"→"新建"→"字幕"命令，弹出"新建字幕"对话框，输入"名称"文本后，单击"确定"按钮，弹出字幕编辑面板。选择"输入"工具，在字幕窗口中输入文字"HDV"，在"字幕样式"子面板中单击需要的样式，字幕窗口中的效果如图 9-81 所示。

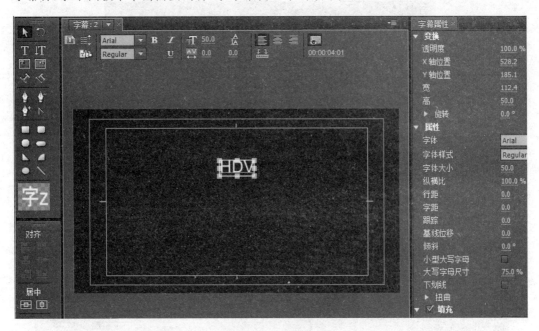

图 9-81　字幕窗口

（8）将字幕放置在产品图层的上方，并适当调整两者的位置，如图 9-82 所示。

调整效果后，当发现产品与背景的结合不美观时，需要进行以下操作。

（9）单击"效果"选项卡，然后单击"视频效果"，再单击"键控"找到"亮度键"，双击"亮度键"，为产品图片素材添加效果。接着按照上文所述的方法给文字和图片添加动画关键帧，参数如图 9-83 所示。

（10）重复上面的步骤，制作其他素材的效果，如图 9-84 所示。

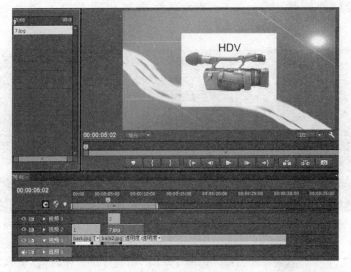

图 9-82　字幕添加效果

图 9-83　特效控制台

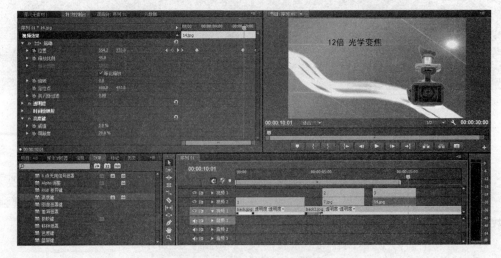

图 9-84　其他素材制作效果

（11）注意在每个动画之间要留一秒钟的停顿时间，如图 9-85 所示。

图 9-85　一秒钟停顿时间设置

（12）添加结尾字幕，按照上文的方法为字幕添加渐隐动画效果，如图 9-86 所示。

图 9-86　添加结尾字幕

（13）摄像机广告制作完成，在"节目"窗口中进行预览，选择"文件"→"导出"→"媒体"命令出现文件导出窗口，根据导出的格式设置参数，导出文件，最终效果如图 9-87 所示。

图 9-87　最终效果

9.5 特殊素材创建

Adobe Premiere Pro CC 除了可以使用采集或者是导入的素材,还可以建立一些特殊的素材。在"文件"菜单下的"新建"命令中有一组子命令是专门用来建立这些特殊素材元素的,如图 9-88 所示。

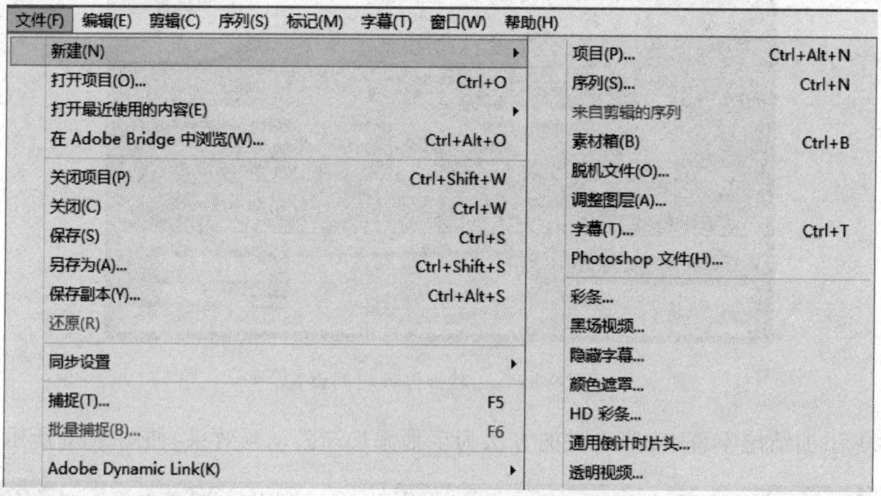

文件(F)	编辑(E)	剪辑(C)	序列(S)	标记(M)	字幕(T)	窗口(W)	帮助(H)		

新建(N)	▶	项目(P)...	Ctrl+Alt+N
打开项目(O)...	Ctrl+O	序列(S)...	Ctrl+N
打开最近使用的内容(E)	▶	来自剪辑的序列	
在 Adobe Bridge 中浏览(W)...	Ctrl+Alt+O	素材箱(B)	Ctrl+B
关闭项目(P)	Ctrl+Shift+W	脱机文件(O)...	
关闭(C)	Ctrl+W	调整图层(A)...	
保存(S)	Ctrl+S	字幕(T)...	Ctrl+T
另存为(A)...	Ctrl+Shift+S	Photoshop 文件(H)...	
保存副本(Y)...	Ctrl+Alt+S		
还原(R)		彩条...	
		黑场视频...	
同步设置	▶	隐藏字幕...	
		颜色遮罩...	
捕捉(T)...	F5	HD 彩条...	
批量捕捉(B)...	F6	通用倒计时片头...	
Adobe Dynamic Link(K)	▶	透明视频...	

图 9-88 新建特殊素材元素

1. 彩条

Adobe Premiere Pro CC 可以为影视作品加入彩条效果,如图 9-89 所示。选择"文件"→"新建"→"彩条"命令,在弹出的对话框中进行设置后单击"确定"按钮,就可以在"项目"面板中创建出彩条素材。

2. 黑场视频

图 9-89 彩条素材

Adobe Premiere Pro CC 可以为影视作品制作一段黑场视频素材。选择"文件"→"新建"→"黑场视频"命令,在弹出的对话框中设置参数后(见图 9-90)单击"确定"按钮,就可以在"项目"面板中创建出黑场视频素材。对于影视作品黑场是可以经常被应用在影片开头或结尾处的,在很多镜头的转接处也可以用黑场来过渡一下。

3. 颜色遮罩

Adobe Premiere Pro CC 可以为影视作品创建一个颜色遮罩,颜色遮罩可以当作背景使用,也可以利用颜色遮罩的透明度属性设置,使得视频素材产生某种色彩偏好。选择"文件"→"新建"→"颜色遮罩"命令,打开"新建颜色遮罩"对话框,如图 9-91 所示,设置参数后单击

"确定"按钮,随后出现"拾色器"对话框,如图 9-92 所示,选取遮罩所使用的颜色,单击"确定"按钮就完成了。

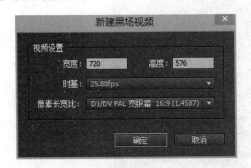

图 9-90 "新建黑场视频"对话框

图 9-91 "新建颜色遮罩"对话框

图 9-92 "拾色器"对话框

例:用颜色遮罩让视频产生颜色偏好。

(1)在项目面板中导入一段视频素材,制作一个蓝色的颜色遮罩。把它们分别拖动到时间线面板中的 V1 和 V2 轨道上,并把它们的时间长度对齐,V1 轨道上放视频,蓝色颜色遮罩放在它之上的 V2 轨道上,如图 9-93 所示。

图 9-93 视频和颜色遮罩在时间线上的显示

(2)这时在节目窗口中只能看到颜色遮罩。选中时间线上的颜色遮罩,调用效果控件,单击"不透明度"属性前的 ▶ 按钮,展开颜色遮罩的不透明属性,修改不透明度为 50%,如图 9-94 所示。可以对比一下添加颜色遮罩前后视频色彩偏好的变化效果,如图 9-95 所示为产生了偏蓝色的效果。

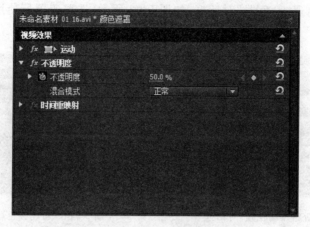

图 9-94　颜色遮罩的不透明属性设置

图 9-95　添加颜色遮罩前后视频的变化

4. 通用倒计时片头

Adobe Premiere Pro CC 可以生成影视作品开始前的倒计时准备效果。可以非常快捷简单地制作一个倒计时准备视频素材,并且可以对其进行编辑修改。创建过程如下。

选择"文件"→"新建"→"通用倒计时片头"命令,在弹出的对话框中设置新建通用倒计时片头参数后单击"确定"按钮,弹出通用倒计时片头设置窗口,设置窗口中的参数,如图 9-96 所示。设置完成后单击"确定"按钮,系统将自动把该段倒计时视频素材加入到"项目"窗口中。可以在时间线窗口或者"项目"窗口中双击倒计时素材,重新打开通用倒计时设置窗口,对其参数进行修改。

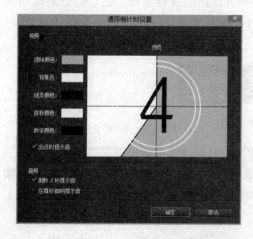

图 9-96　倒计时向导设置窗口

"通用倒计时设置"窗口中各参数含义如下。

擦除颜色:倒计时器播放时,中间有条指示线会不停地绕中心转动,在指示线扫过之后的颜色被称做擦除颜色。

背景色:指示线扫过之前的颜色。

线条颜色:十字线的颜色由此参数确定。

目标颜色：指定倒计时视频中圆形靶心的颜色。

数字颜色：倒计时视频中数字的显示颜色。

出点时提示音：在倒计时结束时显示标志图案。

倒数 2 秒提示音：在倒计时到"2"的时候发出"嘟"声。

在每秒都响提示音：在每秒开始时发出"嘟"声。

5. 透明视频

Adobe Premiere Pro CC 可以通过将"透明视频"生成一段透明视频素材。选择"文件"→"新建"命令，在弹出的菜单中选择"透明视频"命令，设置新建透明视频，如图 9-97 所示，单击"确定"，生成一段透明视频素材。

图 9-97　新建透明视频窗口

　本章小结

Premiere 软件制作实例有助于掌握软件的使用和熟悉视频制作过程，本章主要通过制作电子相册、打造个人 MV、制作节目片头、制作广告片等几个实例阐述 Premiere 软件中文件导入、特效添加、字幕制作、色彩调整等技术与方法的综合应用。

参 考 文 献

[1] 高波.电视摄像[M].北京：中国广播电视出版社,1997.

[2] 刘荃.电视摄像艺术[M].北京：中国广播电视出版社,2003.

[3] 李兴国.摄影构图艺术[M].北京：北京师范大学出版社,1998.

[4] 周毅.电视摄像艺术新论[M].北京：中国广播电视出版社,2005.

[5] 王利剑.电视摄像技艺教程[M].北京：中国广播电视出版社,2008.

[6] 任金州,高波.电视摄像造型[M].北京：中国广播电视出版社,2008.

[7] 刘万年.电视摄像造型[M].南京：南京师范大学出版社,2011.

[8] 李兴国,田敬.电视照明[M].北京：中国广播电视出版社,2008.

[9] 曾庆祝.数码摄像从入门到精通[M].北京：兵器工业出版社,2005.

[10] 何苏六.电视画面编辑[M].北京：中国广播电视出版社,2006.

[11] 温斯琴.非线性影视编辑基础与应用教程[M].北京：人民邮电出版社,2013.

[12] 常江.影视制作基础[M].北京：北京大学出版社,2013.

[13] 高晓红,田建国.电视摄像实务[M].北京：中国传媒大学出版社,2013.

[14] 视听媒介及视听语言. http://course. xauat-hqc. com/ys/st/,2014 年 5 月.

[15] 温建梅,孟威.电视摄像造型[M].太原：山西人民出版社,2006.

后　记

本书是以山东科技大学为教育技术学和数字媒体技术专业开设的《摄像技术》和《非线性编辑原理与技术》课程的讲稿为基础，经过参考、借鉴前辈与同行专家的研究成果扩充而完成的。本课程的目标是使学生：①掌握摄像机和影视语言的基础知识；②能够熟练拍摄影视画面；③运用影视剪辑理论与思维进行影视画面的编辑，并具备影视创作的能力。

随着摄像机硬件技术的不断更新和高等教育教学改革的逐渐深入，无论教育技术学专业，还是数字媒体技术专业，关于影视方向的课程数量和学时都在不断地压缩，很多学校都已经缩减成在一门课程中讲述摄像和后期编辑两部分的内容。教师在为学生选教材时，经常因选不到合适的教材而为难，而且一门课程又不宜选多本教材。同时，摄像爱好者也一直在寻找一本书中涉及摄像和编辑两部分内容的参考资料，因此编者有了编写该教材的想法。但是，由于个人学识经验水平以及其他各方面因素的限制，教材的编写一直没有成行。2012年一次偶然的机会，编者偶遇清华大学出版社石磊主任和邹开颜编辑，他们给了我们无私的帮助和支持，让我们再一次决定克服各种困难编写本教材。

在编写过程中，由于学识水平有限和经验不足，参考、借鉴了前辈和同行专家的研究成果，在这里深表感谢。同时，非常感谢清华大学出版社给了我们这个宝贵的机会，感谢邹开颜编辑在教材编写过程中给予的帮助和支持。在内容的编写和整理过程中，教育技术学和数字媒体技术专业的学生都给予了很大的帮助，特别是数字媒体技术2011级的朱孟磊、张翼、孙淑青和田悦等几位同学，感谢他们在资料的收集和加工过程中做出的贡献。

最后，衷心的期望本书能为读者提供帮助。由于编者水平有限，书中一定还有不少纰漏，恳请读者批评与指正。

编　者
2014 年 7 月于山东科技大学